SV

GERTRUDE STEIN
DIE GEOGRAPHISCHE GESCHICHTE VON AMERIKA ODER DIE BEZIEHUNG ZWISCHEN DER MENSCHLICHEN NATUR UND DEM GEIST DES MENSCHEN

Aus dem Amerikanischen übersetzt von
Marie-Anne Stiebel.
Mit einer Einführung von
Thornton Wilder.

SUHRKAMP

Die Originalausgabe erschien 1936 unter dem Titel
THE GEOGRAPHICAL HISTORY OF AMERICA OR
THE RELATION OF HUMAN NATURE TO THE HUMAN MIND
bei Random House, Inc., New York.

Erste Auflage 1988

Druck: Wilhelm Röck, Weinsberg
Printed in Germany

DIE GEOGRAPHISCHE GESCHICHTE VON AMERIKA ODER DIE BEZIEHUNG ZWISCHEN DER MENSCHLICHEN NATUR UND DEM GEIST DES MENSCHEN

Einführung

Dieses Buch entstand aus Miss Steins Meditationen über literarische Meisterwerke. Warum gibt es davon so wenige? Aus welchen Gründen haben sie überlebt? Welche Eigenschaften trennen die Meisterwerke von den Werken, die beinahe Meisterwerke sind? Mit den Antworten, die gewöhnlich auf diese Fragen gegeben werden, war sie nicht zufrieden. Es genügte nicht zu sagen, diese Bücher zeichneten sich aus durch ihre »Universalität« oder ihren »Stil« oder ihre »Psychologie« oder ihre »profunde Kenntnis des menschlichen Herzens«. Sie dachte sehr viel nach über die Ilias, das Alte Testament und Shakespeare, über »Robinson Crusoe« und die Romane der Jane Austen – um die Werke zu nennen, die während der Monate, in denen sich das vorliegende Buch seiner Fertigstellung näherte, am häufigsten in ihren Gesprächen vorkamen – und die Antwort, die sie im Hinblick hierauf fand, lag darin, daß in ihnen eine ganz bestimmte Beziehung zu den Fragen nach Identität und Zeit erreicht worden war.

Um sich dieser Behandlung von Identität und Zeit zu nähern, traf Miss Stein ihre eigene Unterscheidung zwischen der menschlichen Natur und dem Geist des Menschen. Die menschliche Natur hängt an der Identität, dem Beharren auf sich selbst als Persönlichkeit, und dazu muß sie die Erinnerung einsetzen und das Gefühl, ein Publikum zu haben. Mit Hilfe der Erinnerung versichert sie sich ihrer Existenz durch das Bewußtsein ihrer selbst im Zeitablauf. Mit Hilfe eines Publikums versichert sie sich ihrer selbst durch ihre Wirkung auf andere – »Ich bin ich«, sagte die kleine alte Dame, »weil mein Hund mich kennt.« Folglich kommen aus der menschlichen Natur all jene Bejahungen des Selbst und jene rhetorischen Verhaltensweisen, die nach einem Publikum verlangen – Kriege, Politik, Propaganda, Eifersucht und so weiter. Der Geist des Menschen jedoch hat keine Identität;

in jedem Augenblick »weiß er was er weiß wenn er es weiß«. Er blickt auf die reine Existenz. Er wird von keiner Beachtung eines Publikums abgelenkt, denn wenn er eines Publikums gewahr wird, hat er aufgehört zu »wissen«. In seiner erhabensten Äußerung ist er nicht einmal ein Publikum für sich selbst. Er weiß, und er schreibt, denn seine grundsätzliche Äußerung liegt im Schreiben und seine erhabenste Leistung in literarischen Meisterwerken. Diese Meisterwerke mögen zwar von der menschlichen Natur handeln, aber sie stammen nicht aus ihr. Zeit und Identität und Erinnerung können darin thematisch vorkommen – als das Existierende, auf das der menschliche Geist blickt –, aber die Abwesenheit dieser Qualitäten vom schöpferischen Geist selbst ist von einer überwiegenden Mehrheit in aller Welt bestätigt worden, die, im Bestreben, dem identitätsgebundenen und zeitdurchtränkten Zustand zu entfliehen, zugleich erkennt, daß in diesen Werken eine solche Befreiung erreicht worden ist.
Wenn nun Miss Stein Metaphysik schreibt, warum stellt sie ihre Ideen nicht auf die gleiche, von den Metaphysikern allgemein benutzte Weise dar?
Auf diese Frage gibt es drei Antworten.
Erstens muß ein Metaphysiker immer seine eigenen Fachausdrücke erfinden. Selbst wenn seine Begriffe etwas Gemeinsames mit denen seiner Vorgänger haben mögen – mit Begriffen wie subjektiv, objektiv, Seele, Vorstellungskraft und Bewußtsein –, kann er an gewissen Stellen diese Begriffe nicht anwenden, weil sie Assoziationen von (für ihn) verschiedener Gültigkeit mit sich bringen und damit auch die ganzen Systeme, von denen sie ein Teil sind. Die Zeitgenossen Kants beklagten sich (wie die Zeitgenossen von Professor Whitehead sich jetzt beklagen), daß die Terminologie des Philosophen willkürlich und obskur gewesen sei.
Zweitens ist Miss Stein nicht nur eine Metaphysikerin; sie ist eine Künstlerin. In wechselnden Schattierungen sind auch Künstler immer bestrebt, ihre eigene Sprache zu erfinden. Die höchsten Eingebungen hinsichtlich einer Theorie der

Zeit, der Erkenntnis oder des schöpferischen Akts haben den Bereich einer »Textbuch«-Darlegung immer überschritten. Verbündet sich der Metaphysiker mit dem Dichter, dann bekommen wir eine so unübliche Ausdrucksart wie in den Mythen bei Plato, den prophetischen Büchern von Blake und den schwierigen, bilderreichen Sätzen in Keats' Briefen. Miss Steins Stil in diesem Buch könnte vielleicht als eine Folge von »metaphysischen Metaphern« bezeichnet werden. Auf der ersten Seite lesen wir zum Beispiel:
»Wenn niemand sterben müßte wie wäre da genug Platz für irgendeinen von uns die wir jetzt leben um gelebt zu haben. Wir könnten nie gewesen sein wenn all die andern nicht gestorben wären. Es hätte keinen Platz gegeben.
Die Beziehung zwischen der menschlichen Natur und dem Geist des Menschen nun ist folgende.
Die menschliche Natur weiß das nicht...
Aber der Geist des Menschen kann.«
(Die menschliche Natur, verliebt in das Identitäts-Überleben, kann sich eine Nicht-ICH-Situation nicht vorstellen. Der menschliche Geist, der weder Zeit noch Identität an sich kennt, kann sich das als eine objektive Erfahrungs-Tatsache vorstellen.)
Gleichfalls kommen wir weiter unten zu der Frage: »Was nützt es ein kleiner Junge zu sein wenn man zu einem Mann aufwächst.«
(Da der lebendige menschliche Geist seine Vergangenheit nicht als aufschlußreich empfindet, warum soll die Aufeinanderfolge innerhalb der Identität von irgendwelcher Bedeutung sein? Was ist der Sinn des Lebens in der Zeit? Man kann sich nicht wirklich vergegenwärtigen, was man war vor vier Sekunden, vor vier Monaten, vor zwanzig Jahren. »Nur wenn ich in den Spiegel schaue«, sagte Picassos Mutter, »wird mir klar, daß ich die Mutter eines erwachsenen Mannes bin.«)
Dieses Buch besteht aus einer Reihe solcher Verdichtungen, von denen einige, wie die Theaterstücke und die »Detektiv-

geschichten« über Tauben, von beträchtlicher Schwierigkeit sind. Die letzteren, wie auch eine Anzahl anderer Passagen, haben, was nur gerecht ist anzumerken, die zwar begeisterten, aber unangemessenen Kräfte dieses Kommentators überfordert. Das Buch setzt voraus, daß sich der Leser schon lange mit solchen Dingen auseinandergesetzt hat und willens und fähig ist, die »private Sprache« einer anderen Person anzunehmen – und was kann man in diesem Bereich bestenfalls geben oder empfangen als kurze Einblicke in eine unvermeidlich private Sprache?

Der dritte Grund, weshalb dieser Stil vielen Lesern schwer fällt, ergibt sich aus dem Humor der Autorin. Metaphysik ist schon schwierig; Metaphysik von einem Künstler ist noch schwieriger; aber Metaphysik von einem Künstler in heiterer Laune ist am allerschwierigsten. Der Stoff dieses Buches ist ernst, wahrhaftig; und überall gibt es Beweise von der Mühe, die es gekostet hat, dergleichen Dinge auszudrücken und zu denken. (Es geschieht nicht ohne »Tränen«, daß die menschliche Natur als uninteressant befunden wird und man durch eine graduelle Enthüllung erkennt, daß sie die meisten ihrer Werte mit den Hunden teilt.) Aber Miss Stein hat immer viel Nachdruck auf den spielerischen Geist im Werk eines Künstlers gelegt. Der Lohn für schwieriges Denken ist innere Heiterkeit. Hierin liegt das Entzücken am Wort und an der Virtuosität, es treffend zu gebrauchen; hierin liegt Esprit, hierin liegt das Lächeln über die Vorgänger, die sich denselben Dingen mit solch plumper Feierlichkeit näherten. Ein Aspekt des Spielerischen, der manche Leser völlig aus der Fassung bringt, ist das, was man »den Einbruch des täglichen Lebens« in die Struktur des Werks nennen könnte. Miss Stein wählt ihre anschaulichen Beispiele aus dem Leben, das sie umgibt. Sie stellt ihre Freunde vor, ihre Hunde, ihre Nachbarn. Lolo, um den die Spekulationen nach Art von Liebesgeschichten kreisen, lebte und starb in einem Haus im Süden von Frankreich, das man von Miss Steins Terrasse aus sehen konnte. Sie flicht die Bemerkun-

gen, die in ihrer Nähe während des Schreibens fallen, wörtlich in das Buch ein. Ähnliches tat auch Picasso, der eine Zeitlang U-Bahn-Fahrscheine auf seine Ölbilder klebte; durch die Nebeneinanderstellung belebt ein Aspekt des »Realen« einen andern Aspekt, das Geschaffene.
Aber warum hilft Miss Stein ihrem Leser nicht wenigstens damit, daß sie ihre Sätze so interpunktiert, wie wir es gewohnt sind? Und warum wiederholt sie sich so oft?
In letzter Zeit haben sehr viele Autoren die Geduld mit der Unzulänglichkeit der Interpunktion verloren. Viele meinen, es sollten neue Zeichen erfunden werden, Zeichen, die den Spielarten der menschlichen Stimme entsprechen, für Betonung, Zeichen für Wortgruppierungen. Doch Miss Stein findet, daß solche Angaben der Praxis des Lesens eher schaden als helfen. Sie beeinträchtigen die mitarbeitende Teilnahme des Lesers. »Ein Komma das einem weiterhilft einem den Mantel hält und die Schuhe anzieht, hindert einen das Leben so aktiv zu leben wie man es leben sollte... Ein langer komplizierter Satz sollte sich einem aufzwingen, einen verstehen lassen daß man sich versteht indem man ihn versteht.«
Die Rechtfertigung für den Vorwurf der Wiederholung liegt auf vielen Ebenen. Auf der einen Ebene weist Miss Stein darauf hin, daß es Wiederholung überall in der Natur gibt. Sie ist im menschlichen Leben: »hört man irgend jemandem zu, hinter das was irgend jemand sagt sei es nun über das Wetter oder sonst irgend etwas, so hört man diese Person sich immer wieder wiederholen.« Wiederholen ist Betonung. Jedesmal, wenn man etwas wiederholt, ist es ein wenig anders. »Das einzige Mal daß Wiederholung wirklich Wiederholung ist, das heißt wenn etwas tot ist, ist dann wenn es gelehrt wird.« Dann kommt es nicht vom schöpferischen Geist, sondern von leblosen Formeln. Manchmal gebraucht Miss Stein die Wiederholung zur Betonung innerhalb einer Ideenfolge; manchmal als einen musikalischen Refrain, manchmal zur Wiederversammlung der Motive ihres Buches und zur Wiederaufnahme derselben in einem

späteren Stadium der Diskussion; manchmal wird sie rein spielerisch eingesetzt.
Aber wenn dieses Buch von der Psychologie des schöpferischen Akts handelt, warum heißt es dann auch noch »Die Geographische Geschichte von Amerika«?
Miss Stein, die im zeitweiligen Auftauchen des menschlichen Geistes und dessen Zeugnis in literarischen Meisterwerken die wichtigste Manifestation menschlicher Kultur sieht, hat beobachtet, daß dieses Auftauchen von der geographischen Situation abhängt, in der die Autoren leben. Die im Tal Geborenen und die von Bergen Umgrenzten neigen dazu, in ihrem Denken eine Lokalisierung vorzuweisen, ein Bestehen auf Identität mit allen daraus resultierenden Zügen, die der menschlichen Natur innewohnen; flache Gebiete oder Länder, die von den langen, geraden Linien des Meeres eingefaßt sind, haben zur Entwicklung der Abstraktionskraft geführt. Flache Gebiete sind sowohl eine Einladung zu wandern als auch eine Befreiung von örtlicher Festlegung. Folglich kann man von einem Land wie den Vereinigten Staaten, das von zwei Ozeanen umsäumt ist und riesige Gebiete hat, die so flach sind, daß die Staatsgrenzen unabhängig von geographischen Merkmalen mit »imaginären Linien« eingezeichnet werden müssen, erwarten, daß es eine Kultur hervorbringt, in der der menschliche Geist sich nicht nur im gelegentlichen Meisterwerk zeigen dürfte, sondern in seinen vielen, über das ganze Volk verteilten Aspekten.
Miss Steins Theorie vom Publikum betont die Tatsache, daß der Leser den reichsten Lohn aus jenen Werken erhält, bei denen die Autoren im Schaffensprozeß gar keine Leserschaft einbezogen haben. Es gibt schon zu viele Bücher, die versucht haben, dem Leser zu schmeicheln, ihn zu umwerben, zu überzeugen oder zu bezwingen. Hier ist ein Buch, das sagt, was es weiß: ein philosophisches Werk, ein Kunstwerk und ein Werk der Heiterkeit.

Thornton Wilder

DIE
GEOGRAPHISCHE
GESCHICHTE
VON
AMERIKA
ODER
DIE
BEZIEHUNG
ZWISCHEN
DER
MENSCHLICHEN
NATUR
UND
DEM
GEIST
DES
MENSCHEN

Im Monat Februar sind Washington Lincoln und ich geboren.
Dies sind ganz übliche Gedanken. Wenns beliebt sind dies ganz übliche Gedanken.
Sprechen wir nicht über Krankheit sondern über den Tod. Wenn niemand sterben müßte wie wäre da genug Platz für irgendeinen von uns die wir jetzt leben um gelebt zu haben. Wir könnten nie gewesen sein wenn all die andern nicht gestorben wären. Es hätte keinen Platz gegeben.
Die Beziehung zwischen der menschlichen Natur und dem Geist des Menschen nun ist folgende.
Die menschliche Natur weiß das nicht.
Die menschliche Natur kann das nicht wissen.
Was ist es das die menschliche Natur nicht weiß. Die menschliche Natur weiß nicht daß wenn alle nicht sterben würden kein Platz da wäre für diejenigen die jetzt leben.
Die menschliche Natur kann das nicht wissen.
Die Beziehung zwischen der menschlichen Natur und dem Geist des Menschen nun ist folgende.
Die menschliche Natur kann das nicht wissen.
Aber der Geist des Menschen kann. Er kann es wissen.
In den Vereinigten Staaten ist mehr Raum wo niemand ist als wo irgend jemand ist.
Das eben macht Amerika zu dem was es ist.
Macht es auch die menschliche Natur in Amerika zu dem was sie ist. Wenn nicht so macht es den Geist des Menschen in Amerika zu dem was er ist.
Aber daß es so viel Raum in Amerika gibt wo niemand ist hat nichts damit zu tun daß es keinen Platz gäbe für irgend jemand der heute lebt wenn nie jemand gestorben wäre das heißt wenn alle nicht gestorben wären.
So kann die menschliche Natur schlafen, sie kann schlafen wenn sie das nicht weiß. Der Geist des Menschen kann schlafen wenn er es weiß. Nur bis er es weiß kann der Geist des Menschen nicht schlafen, und schläft die menschliche Natur gut kann auch der menschliche Geist schlafen.

Aber letztendlich wollen wir denn wirklich gerne leben um gelebt haben, denn wenn wir leben dann schont der Tod ja keinen und wir müssen weinen weil auch wir auch wir eines Tages werden sterben müssen sonst könnten die andern die später einmal leben möchten doch gar nicht erscheinen.
Daraus entsteht Religion und Propaganda und Politik und daraus wieder der Geist des Menschen und die menschliche Natur.
Und der menschliche Geist kann das wissen aber die menschliche Natur kann es nicht wissen und daher weiß der Geist des Menschen es ziemlich sicher nicht.
Ein Hund kann im Stehen einschlafen und nicht wissen warum.
Ein Mensch kann im Stehen einschlafen und eben darum, er kann zwar im Stehen einschlafen aber er tut es lieber nicht.
Denn es gibt keinen Grund warum.
Ja und doch ist es dies dies veranlaßt jeden zu sagen was alle tun wenn sie sagen was sie sagen.
Und jeder sagt was alle sagen.
Daraus entsteht Propaganda und Politik und Religion.
Und manche sagen daß wir das alles jetzt haben.
Und haben wir nur irgend etwas von all dem und haben wir irgendeinen Grund warum warum wir das alles jetzt haben aber vielleicht haben wir nicht alles jetzt. Eine geographische Geschichte ist sehr wichtig wenn sie mit all diesen Dingen verknüpft ist.
Niemand weiß mehr über die menschliche Natur und den Geist des Menschen als das.
Individualismus das ist menschliche Natur und menschlicher Geist Kommunismus das ist menschliche Natur und menschlicher Geist und warum sagt man das immer noch und doch nicht.
Weil hier die Zäsur ist man macht eine Zäsur und der Grund der Grund ist nur diese Zäsur und die kann man nicht machen keine Spur.
Der Mensch ist gesellig und allein so war der Mensch so

wird er immer sein, er wird es sein weil seine Natur so ist er wird es sein weil er einen Geist dazu hat und noch einmal es ist mehr und mehr und mehr so als wollte er es auch.
Was hat der Geist des Menschen mit dem Sprechen zu tun.
Eben das, was man sagt veranlaßt einen es immer wieder sagen zu wollen und was man sagt will einen veranlassen es auf eine andere Art zu sagen, das gleiche auf eine andere oder etwas anderes auf irgendeine Art zu sagen.
Jede Art ist eine Abart auch wenn man es auf dieselbe Art sagt.
Individualismus und Kommunismus sie sind nicht verschieden sie sind dasselbe sonst wäre die menschliche Natur nicht die menschliche Natur aber sie ist es.
Jeder kleine Hund sagt das.
Er möchte wegrennen und er möchte bei einem bleiben.
O ja natürlich aber da er keinen menschlichen Geist hat kann er so handeln er kann beides gleichzeitig tun aber der menschliche Geist ach der Geist des Menschen kann nicht beides gleichzeitig tun. Darin unterscheidet sich der Geist des Menschen von der menschlichen Natur.
Wie oben erwähnt.
Bitte sehr das sind ganz gewöhnliche Gedanken.
Wie jeder der sitzt und schaut so schaut man nicht unbedingt nach dem aus was man sieht.
Sähe man es so sähe man daß der Hund wegrennen und bleiben möchte und es auch tut. Einfach so. Es kommt ihm jedenfalls so vor.
Nun jemand der Geld liebt und jemand der liebt liebt Geld, jemand der liebt liebt es auch Geld zu haben.
Der menschliche Geist kann ja und nein sagen der menschliche Geist weiß vielleicht sogar daß es ein Nein gibt und ein Ja, nicht jeder menschliche Geist nicht irgendein menschlicher Geist aber der menschliche Geist, der Geist des Menschen weiß vielleicht daß es ein Ja gibt und ein Nein.
Ja auf diese Art will ich gefallen.
Denkt gut über den Satz nach.

Ja auf diese Art, und tut mir den Gefallen.
Nun jedenfalls.
So will ich sein ich will jemand sein der solche gewöhnlichen Gedanken hat und haben kann vor allem.

Ende von Kapitel eins.

Wenn man innehält um über Kapitel eins nachzudenken wird man wissen daß jeder hat sterben müssen damit es Platz gibt für jeden zum Leben das heißt wenn jeder der schon gelebt hat nicht gestorben wäre wo wären dann wir.
Mit anderen Worten wenn alle, auch wenn es nicht übermäßig viele gewesen wären sondern gerade so viele wie es schon sind wenn irgendeiner das heißt alle nicht gestorben wären gäbe es hier und jetzt keinen Platz für irgendeinen der hier ist hier und jetzt.
Selbst in Amerika wo mehr Raum ist ohne jemand als mit jemandem. Das darf man nie vergessen.
Das sind gewöhnliche Gedanken.

Kapitel II

Außergewöhnliche Gedanken.
Außergewöhnliche Gedanken sind genauso gewöhnlich wie gewöhnliche Gedanken weil es sie wenn's beliebt bei jedem gibt oder gegeben haben muß diese außergewöhnlichen Gedanken.
Geraten außergewöhnliche Gedanken in Konflikt mit Propaganda Kommunismus und Individualismus und was überhaupt sind sie und alle Gedanken.
Um zu wissen was Gedanken sind muß man an die geographische Geschichte denken und an die Beziehung zwischen dem menschlichen Geist und der menschlichen Natur.
Was sagen sie.
Was nützt es ein kleiner Junge zu sein wenn man heranwächst zu einem Mann.
Was nützt es daß Franklin Roosevelt wie der dritte Napoleon ist.

Was nützt es.
Was nützt es ein kleiner Junge zu sein wenn man zu einem Mann heranwachsen muß.

Kapitel III

Was nützt es ein kleiner Junge zu sein wenn man schon bald zu einem Mann heranwachsen wird.
Weder die menschliche Natur noch der Geist des Menschen denkt so. Sie denken nicht daran daß es nichts nützt ein kleiner Junge zu sein wenn man zu einem Mann heranwachsen wird.
Und doch denken alle so es sei denn ein kleines Mädchen das schon bald zu einer Frau heranwachsen wird.
Aber was nützt es.
Nützen wird hier gebraucht im Sinn von Zweck.
Gerät man in Konflikt mit Propaganda wenn man das wirklich weiß, was nützt es ein kleiner Junge zu sein wenn man schon bald zu einem Mann heranwachsen wird.

Kapitel eins

Was sagen alle.
Sie sagen daß Washington und Lincoln und ich in jenem Monat geboren wurden im Monat Februar und daß niemand dies bestreiten kann.
Der Februar ist ein kurzer Monat aber obwohl der Februar ein kurzer Monat ist wurden wir Washington Lincoln und ich in diesem Monat geboren in diesem kurzen Monat.
Dies zu bestreiten ist ja auch jetzt wieder niemand erpicht, weder die andern noch ich nicht.

Kapitel II

Der Geist des Menschen kann kein menschlicher Geist sein wenn er denkt weil er nicht denken kann was nützt es ein kleiner Junge zu sein wenn man schon bald zu einem Mann heranwachsen wird.
Nun lassen wir mal den menschlichen Geist denken was es

heißt ein kleiner Junge zu sein und wenn der Geist des Menschen gedacht hat was es heißt ein kleiner Junge zu sein dann wird der menschliche Geist wissen daß es nichts nützt ein kleiner Junge zu sein wenn man schon bald zu einem Mann heranwachsen wird.
Die menschliche Natur kann nicht wissen daß es nichts nützt ein kleiner Junge zu sein wenn dieser zu einem Mann heranwachsen muß.
Da also ist eine Verbindung zwischen der menschlichen Natur und dem Geist des Menschen insofern als die menschliche Natur nicht wissen kann daß es nichts nützt ein kleiner Junge zu sein wenn dieser zu einem Mann heranwachsen muß und der Geist des Menschen kann nun ja er kann wenn er es kann er kann wissen daß es nichts nützt ein kleiner Junge zu sein wenn dieser zu einem Mann heranwachsen muß.
Und wie es nun einmal ist haben wir das alles die menschliche Natur und den Geist des Menschen und den kleinen Jungen und daß er zu einem Mann heranwachsen muß und wenn es irgendeinen Nutzen in alledem gibt dann gibt es auch eine geographische Geschichte davon, man fühlt deutlich wieso es ist wo es ist.
Ich kann genau sehen wie das Land daliegt so wie all dies darin liegt. Und das kann jeder. Und das kann jeder.
Es geht nicht darum nicht im geringsten ob ein Land über oder unter dem Meeresspiegel liegt. Salt-Lake-Land ist über und unter dem Meeresspiegel nur ist dort kein Meer. Um so besser daß dort kein Meer ist weil dann das Land gesehen werden kann und selbst sehen kann.
Kapitel III entspricht Kapitel XV.
Sieht man denn daß da es Land gibt das niemand sehen kann weil dort das Meer ist, und doch gibt es das Land in Amerika es gibt das Land Salt-Lake-Land wo es kein Meer gibt.

Kapitel III

Wie kann man sagen ob ein Land jung-alt oder jung-jung oder alt ist.
Vielleicht deshalb weil alle Tiere die darauf gelebt haben tot darin sind.

Kapitel IV

So lange nichts oder sehr wenig von dem was man schreibt veröffentlicht ist ist alles heilig aber nachdem sehr viel davon veröffentlicht ist ist dann alles was man schreibt ist es dann noch genauso heilig. Das hat mit der Frage zu tun ob die toten Tiere darin ein Land genauso alt machen wie wenn keine toten Tiere darin wären.
Hat das etwas zu tun mit der menschlichen Natur oder mit dem Geist des Menschen.
Und ist es notwendig daß irgend jemand darüber nachdenkt.
In Kapitel drei behandeln wir also diese Dinge das Alter der Welt, die Heiligkeit des Schreibens und die menschliche Natur und den Geist des Menschen.

und
Geographische Geschichte.
Kapitel III

Was ist die Beziehung zwischen der menschlichen Natur und dem Alter eines beliebigen Landes.
Man kann es nicht oft genug sagen und man muß keine Tränen darüber vergießen was nützt es ein kleiner Junge zu sein wenn man schon bald zu einem Mann heranwachsen wird was nützt es.
Ein Alter eines Landes ist nicht das gleiche weil es schließlich sein könnte sogar sein kann daß die menschliche Natur nichts damit zu tun hat. Aber der Geist der Menschen muß etwas damit zu tun haben, obwohl das betreffende Land nicht notwendigerweise jung oder alt sein muß auch wenn

dieses Land für den menschlichen Geist alt ist oder wenn dieses Land für den menschlichen Geist jung ist. Hat der menschliche Geist wirklich hat der menschliche Geist überhaupt etwas mit dem Alter zu tun oder ist das nur die menschliche Natur, die menschliche Natur hat zweifellos mit dem Alter zu tun aber hat das auch der Geist des Menschen, weder mehr noch weniger hat auch der menschliche Geist damit zu tun. Lassen Sie mich jetzt in Kapitel IV irgendeine Geographie-Geschichte erzählen und wie sie und der menschliche Geist aussieht.

Kapitel IV

Die Geographie sieht nicht so aus wie sie in Beziehung zum menschlichen Geist aussieht.

Nicht mehr oder weniger aber beginnen wir damit was der Mensch ist was der Mensch war was der Mensch sein wird.

Wenn Kinder Fangen spielen fangen sie einander das heißt sie berühren einander um anzufangen, und Hunde tun das, sie berühren einander um anzufangen genau wie Kinder es tun. Ein großer Hund berührt einen kleinen Hund damit er zu spielen anfängt ein weißer Hund berührt einen schwarzen Hund damit er zu spielen anfängt ein schwarzer Hund wird jeden Hund berühren damit er zu spielen anfängt. Wenn Kinder so tun nennt man es Fangen spielen.

Jedes Kind tut das.

Und hat der menschliche Geist etwas zu tun mit Kidnapping vielleicht ja vielleicht nein. Kidnapping heißt daß man irgend etwas wegnimmt. Aber der menschliche Geist kann niemals etwas wegnehmen.

Hunde tun das sie wollen es und sie wollen es auch wieder nicht. Aber Hunde können nicht sagen ich will ich will. Sie können es allerdings trotzdem sie können sagen ich will ich will und sie tun es, sie können auch sagen ich habe vergessen und tun es sie vergessen und sie sagen es auch noch und dafür gibt es einen Grund.

Jeder mit einem menschlichen Geist kann sagen ich will und

alle können sagen ich habe vergessen und es so gewollt. Kämpfen ist keine Handlung des menschlichen Geistes sich erinnern auch nicht denn wenn es etwas mit dem menschlichen Geist zu tun hätte dann würde sich der Geist des Menschen mit dem Alter befassen aber das tut er nicht, deshalb kann jedes Wesen wollen oder nicht wollen was es tut es kann vergessen oder sich erinnern an das was es tut aber der menschliche Geist nein der Geist des Menschen hat nichts mit dem Alter zu tun.

Während ich das sage kommen mir Tränen in die Augen.

Warum befaßt sich der Geist des Menschen nicht mit dem Alter.

Weil der menschliche Geist weiß was er weiß und wissen was er weiß hat nichts damit zu tun daß er sieht woran er sich erinnert, erinnern wir uns doch wie das Land aussah als wir darüber hinwegflogen, es entwarf Muster große Muster wie die menschliche Natur sie zeichnet weil es die Muster kennt ohne sie je von oben gesehen zu haben.

Warum hat man in einem Flugzeug keine Angst so abgehoben zu sein.

Weil die menschliche Natur nichts damit zu tun hat.

Nichts.

Ich wiederhole nichts ja und nein.

Wenn man auf dem Land hochklettert kennt sich die menschliche Natur aus weil sie durch Erinnerung weiß daß es immer gefährlich war auf dem Land höher und höher zu steigen denn dort war ja die menschliche Natur aber in einem Flugzeug da ist die menschliche Natur nichts da ist Erinnern nichts ganz gleich wie viele von da oben schon umgekommen sind da gibt es nichts was eine Erinnerung ist denn wenn man umgekommen ist erinnert man sich nicht nein das tut man nicht, nur auf dem Boden wo es gefährlich ist wo man aber nicht umgekommen ist da erinnert man sich.

Und daher entspricht es dem menschlichen Geist eher nicht gefährdet zu sein als umzukommen, es gibt kein Erinnern,

nein es gibt kein Erinnern und kein Vergessen weil man sich erinnern muß um zu vergessen nein es gibt keines von beidem in irgendeinem menschlichen Geist.
Das bringt uns zurück zum Fangen und Drachensteigenlassen und Kidnapping und in welcher Beziehung sie zum Geist des Menschen stehen.

Kapitel V

Der menschliche Geist wenn er ganz und gar Geist des Menschen ist was für ein Vergnügen für mich. Nein dadurch wird kein menschliches Auge naß nicht einmal das meine und ich könnte ich könnte leicht weinen ach so sehr leicht.
Kidnapping Drachensteigenlassen und Fangen und Gewerkschaften und die Republikanische Partei und der Geist des Menschen und wie acht oder so und so viele Orte aussehen wenn man so hoch ist wie man ist wenn man darüber hinwegfliegt.
Hinunterschauen ist das gleiche wie darüber hinwegfliegen.
Schnee ist immer erstaunlich wenn man ihn anschaut.
Aber nicht erstaunlicher wenn die Bäume die kahlen Bäume Schatten darauf werfen.
Hunde benehmen sich wie es ihnen gefällt das heißt wie es ihnen natürlicherweise gefällt bis man es ihnen verbietet.
Dergleichen ist ärgerlich und Ärger hat etwas zu tun mit dem Geist des Menschen. Das heißt er sitzt fest und wartet nicht darauf wegzugehen sondern dazubleiben. Somit ist Ärgern oder Ärger ein Symptom für das Vorhandensein eines menschlichen Geistes.
Ja eines menschlichen Geistes.
Und was ist das.
Ebendas es ist alles das gleiche.

Kapitel III

Erstmal die Tränen.
Ärger bringt keinen zum Weinen.
Aber etwas schon oh ja etwas schon aber sollte es das denn.

Wer muß wissen welches Wort auf ein anderes folgt.
Ich muß. Obwohl es falsch ist.
Der Geist des Menschen ist dem nicht unähnlich.
Ich muß. Obwohl es vollkommen falsch ist.
Wenn das Vollkommene gut ist ist das noch mehr Vollkommene besser sagt man zwar nicht könnte man aber vom menschlichen Geist sagen.

Kapitel IV

Aber jedenfalls jeder Mann jeder Mensch das heißt Frauen und Kinder können tagelang oder alle Tage eine Zeitlang etwas sagen, Hunde tun das auch doch nicht auf dieselbe Weise nicht ganz auf dieselbe Weise und das ist schon ein Unterschied zwischen Menschen und Hunden.
Ich wünschte ich könnte sagen etwas zu sagen habe etwas zu tun mit dem menschlichen Geist ich wünschte ich könnte das sagen ohne zu weinen ich wünschte ich könnte.

Kapitel V

Kann wer weiß wer er oder sie sie oder er wissen was der Geist des Menschen ist.
Und so enden alle die alten Kapitel so enden Tränen aber all dies hat nichts zu tun mit dem Geist des Menschen mit dem Nutzen des menschlichen Geistes und der Tränen.
Es heißt und sehr viele haben es gesagt Jules Verne hat es gesagt er weint das zeigt er ist ein Mensch. Aber ein Hund kann Tränen in den Augen haben ja er kann Tränen in den Augen haben wenn er enttäuscht worden ist.
Ein Hund bekommt wenn er gebettelt hat immer worum er gebeten hat.
Eines Tages bettelte er einen kleinen Hund an ihm zu geben was er wollte. Der kleine Hund gab ihm nicht was er wollte. Der Hund hatte Tränen in den Augen Weinen macht also nicht den menschlichen Geist aus oh nein Weinen macht nicht den Geist des Menschen aus es macht ein Stück Natur aus aber den menschlichen Geist macht es nicht aus.

Der Geist des Menschen hat nichts zu tun mit Sorgen und mit Enttäuschung und mit Tränen.
Man kann zu einem Hund sagen mach bitte bitte und er tut es, er tut es auch ohne daß man es sagt aber und das ist wahr die menschliche Natur kann auch bitte bitte machen aber der Geist des Menschen nicht nein der Geist des Menschen nicht.
Oh je weiß sie weiß er weiß irgendwer was der Geist des Menschen ist und falls er es weiß und falls sie es weiß und falls irgendwer es weiß was ist denn der menschliche Geist.
Der Geist des Menschen kennt weder Gedächtnis noch Tränen er kann vergessen, aber was kann er vergessen, er kann nichts vergessen als das Nicht-Erinnern ja nicht einmal durch Erinnern und also wissen er und sie und irgendwer sehr wohl was der Geist des Menschen ist.
Ein Hund weiß nicht was menschlicher Geist ist.
Er kennt nur Kummer und Störung und Tränen er weiß nur wenn er das Vertrauen verloren hat daß er das Vertrauen verloren hat und mit diesem verlorenen Vertrauen wurde er geboren.
Die Beziehung zwischen der menschlichen Natur und dem Geist des Menschen macht jeden indifferent gegen das Erinnern und Vergessen gegen das Alter und das Leben gegen das Wissen daß jeder sterben kann um Platz zu machen für alle die jetzt hier sind und so viele Leute glauben sie könnten sich anders vorbereiten aber die die wissen nicht was der menschliche Geist ist.
Wenn es keine Geographie keine geographische Geschichte gäbe gäbe es dann einen menschlichen Geist nicht so wie er ist aber gäbe es denn gäbe es überhaupt einen menschlichen Geist.
Jeder der dazu beitragen dies weiterzuentwickeln kann fortfahren mit dem was der menschliche Geist ist und so beginnen wir ebenso indifferent mit Kapitel eins.

Kapitel I

Der Geist des Menschen ist.
Der Geist des Menschen hat überhaupt keine Beziehung zur menschlichen Natur. Die Frage ist gestellt worden, ist es die Beziehung zwischen der menschlichen Natur und dem Geist des Menschen oder ist es die Beziehung zwischen dem Geist des Menschen und der menschlichen Natur. Die Antwort ist es gibt keine Beziehung zwischen dem Geist des Menschen und der menschlichen Natur aber es gibt eine Beziehung zwischen der menschlichen Natur und dem Geist des Menschen.

Kapitel eins

Was ist sie.

Kapitel III

Weiß ein Hund oder weiß er nicht daß es einen menschlichen Geist gibt, nein er weiß nicht daß es einen menschlichen Geist gibt er weiß daß es menschliche Natur gibt aber nicht daß es einen menschlichen Geist gibt.
Wird ein Hund nun mit einem verlorenen Vertrauen geboren oder nicht. Dies ist keine interessante Frage.

Kapitel III

Was ist die Beziehung zwischen Kommunismus Individualismus Propaganda und der menschlichen Natur und was ist ihre Beziehung zum Geist des Menschen oder gibt es keine. Es gibt einen menschlichen Geist oh ja den gibt es. Gibt es irgendeine Beziehung dazu im Kommunismus Individualismus oder in der Propaganda oder hat das alles nur mit der menschlichen Natur zu tun, wie was, denken Sie an die Tränen und das Alter und das Gedächtnis und fliegende Schwalben und Vögel die immer für alle nur nicht für sich selber singen und immer von den gleichen Dingen, sie die Vögel haben Tränen aber kein Gedächtnis.

Wie viele Tiere Vögel und wilde Blumen gibt es in den Vereinigten Staaten und ist es nicht großartig daß sie überhaupt welche haben.
Es gibt einige Stellen in den Vereinigten Staaten wo es fast keine gibt.
Die Vereinigten Staaten sind interessant denn es gibt da einige die überhaupt keine menschliche Natur haben wie es an einigen Stellen fast überhaupt keine Tiere oder Blumen gibt und das was hat das mit der Beziehung zwischen der menschlichen Natur und dem Geist des Menschen zu tun.
Jeder kann Tränen in den Augen haben wenn er einen Hund bellen hört. Denn was für einer ist es.

Kapitel IV

Warum Europa zu klein ist um Krieg zu führen.
Warum ist Europa zu klein um Krieg zu führen weil Krieg in einem zu großen Maßstab geführt werden muß als daß er in einem kleinen Gebiet zusammengefaßt werden könnte, wenn man dort also an Krieg denkt weiß man daß man nur daran denken und nichts tun kann. Man ist wie unsere Hunde die tun als ob sie etwas miteinander zu tun hätten aber wissen daß sie gesehen werden können und wenn man gesehen werden kann kann man einander nichts antun.
Daher ist Europa zu klein um Krieg zu führen da jeder jetzt das alles sehen kann und wenn irgend jemand wirklich irgend jemand das alles sehen kann dann kann man nicht Krieg führen. Nicht Krieg führen.
So auch die geographische Geschichte von Amerika.

Kapitel V

Madame Reverdy war die Frau eines Hotelwirtes. Ich sage war weil sie tot ist nicht schrecklich tot aber immerhin tot.
Eines der Dinge durch die ein großes Land sich von einem kleinen Land unterscheidet unterscheidet die geographische Geschichte Amerikas von der geographischen Geschichte Europas und das ist daß wenn jemand tot ist viele tot sind.

Madame Reverdy war also die Frau eines Hotelwirtes. In vielen Hotels kleiner Landstriche geht man nie aus dem Hotel. Sie tat es nie und er tat es auch nicht. Er ist nicht tot, nicht weil er länger leben konnte sondern weil er nicht tot ist.

Sie hatte vier Kinder das heißt sie beide hatten drei Buben und ein Mädchen und das Mädchen war krumm aber sie wurde sehr kräftig. Sie ist es immer noch aber nicht so kräftig wie sie war.

Die drei Buben sahen sehr gut aus als sie jünger waren.

Jetzt ist es ganz gleich denn der ältere ist verheiratet und der jüngere ist ein Einlungiger und der dritte ist Koch. Aber all das war nicht passiert als die Mutter nicht mehr ihre Mutter war denn sie war schon gestorben das heißt sie hatte sich umgebracht gerade so viel um ebenso tot zu sein wie nicht. Niemand hatte sie gebeten länger zu leben aber wenn sie es tat so tat sie es nicht um länger zu leben sondern um weiter Hotelwirtin zu sein.

Sie war wild darauf gewesen Hotelwirtin zu sein aber sie war nicht wild darauf gewesen länger zu leben, das nicht. Sie ist tot so tot als ob sie gar nicht länger gelebt hätte.

Niemand kann sich darum kümmern zu erfahren was irgend jemandem geschieht obwohl jeder jedem zuhört der darüber spricht was irgendeinem geschieht.

Ich empfinde es als einen Fehler nicht länger zu leben.

So sagt man.

Und deshalb kann Europa bestehen bleiben aber keinen Krieg mehr führen.

So ist es mit der ganzen Welt sie kann keinen Krieg mehr führen und so könnte man ebensogut damit aufhören. Die menschliche Natur ist nicht mehr interessant und so könnte man ebensogut damit aufhören weiter menschliche Natur zu sein.

Kapitel VI

Das Porträt von Thornton Wilder.
In China ist China nicht China* es ist Tonware. In China braucht man kein China weil in China China China ist.
Alle die China geliebt haben lieben China und haben China.
China ist in Amerika keine Tonware.
Alle die in Amerika China lieben lieben China in Amerika und alle die in Amerika China lieben lieben es nicht daß China in China Tonware ist. Deshalb ist es keine.
Denken Sie deshalb daran daß es keine ist aber noch besser nicht daran denken.
Es ist besser nicht daran zu denken weil es so etwas nicht gibt nicht so etwas wie daran denken. Deshalb gibt es das nicht.
Alles allen erlauben keinem erlauben, keiner zum Erlauben keiner zum daran Denken.
Übrig bleibt daß es links ist wenn man recht hat nicht daran zu denken aber nicht daran zu denken ist ebenso links wie nicht links und bleibt dem daran Denken nicht überlassen.
Es ist zweifellos eine Widerstandskraft allem nachzugeben.
Überhaupt nicht nachzugeben.
Oh nein denken Sie daran es ist ein großer Unterschied zwischen nachgeben überhaupt und keineswegs allem nachgeben.
Denken Sie nicht daran weil es nicht zum daran Denken ist dies macht es ebenso zur Sache anderer wie zu der Sache.
Ein Porträt das gefeiert wird wie und als das Porträt von Thornton Wilder.
Ich wünschte ich wüßte ob eine Geschiche eine Geschichte ist.
Und Tränen auf den Wangen.
Ich wünschte ich wüßte eine Geschichte als eine Geschichte

* *China* heißt in der englischen Sprache auch Tonware bzw. Porzellan

die nicht so besteht die nicht besteht aus Angst und Bangen.
Er kennt kein Bangen.
Wenigstens hat er keine Tränen auf den Wangen.
Für sie besteht er sehr wahrscheinlich aus ihnen.
Zu dumm daß sich Angst und Bangen reimt mit Tränen auf den Wangen.
Das sieht ihnen ähnlich.
Aber sagen Sie mir sodann welchem von beiden ich flehe Sie an.

Kapitel VII

Man kann mir nicht oft genug vorwerfen gerne alles zu hören und zu sehen und doch hat alles was gehört wird und was gesehen wird nichts nein nichts nein nein nichts zu tun mit dem Geist des Menschen. Nein nichts.
Und doch der menschliche Geist – es gibt den Geist des Menschen.
Die menschliche Natur ist jetzt ganz und gar nicht interessant.

Kapitel II

Haben Sie Ihren Ehemann einen schweren Seufzer ausseufzen hören.
Niemand weiß wie erfreulich es ist daß etwas so klingt.
Dieses Kapitel soll alles darüber sagen wann Wörter wie Wörter tun wenn Wörter wirklich so aussehen.
Wie es war als ich es sah, da ich es da sah.
Unter mir als ich darüber war.
Gäbe es nur menschliche Natur dann gäbe es Wörter aber sie wären nicht so.

Kapitel III

Es gibt keine wirkliche Wirklichkeit mehr für ein Leben in einer wirklichen Vorstellung.
Nichts gefällt mir mehr als wenn ein Hund im Schlaf bellt.

Das ist eine Wirklichkeit die nicht durch Hinhören erfahren werden kann sondern durch den Hund der schläft und dem nach Bellen zumute ist, er bellt als ob er bellte und es ist ein Bellen es ist wirklich ein Bellen obwohl er nur träumt. Wie viel weiß er davon daß er bellt.

Die menschliche Natur bewegt sich und bewegt sich auch der Geist des Menschen.

Was ist der Unterschied zwischen der Erinnerung an das was geschehen ist und dem Sich-Erinnern an das was als Traum dagewesen ist. Keiner. Deshalb gibt es keine Beziehung zwischen der menschlichen Natur und dem Geist des Menschen.

Wenn man sagt lies das nicht oder laß das weil du es nicht verstehst was heißt das.

Etwas verstehen heißt in Beziehung dazu sein und der Geist des Menschen kann mit allem in Beziehung sein.

Die menschliche Natur kann sich mit allem verbinden aber sie kann nicht mit allem oder irgend etwas in Beziehung sein.

Jede Minute ist also alles wenn ein menschlicher Geist da ist.

Jede Minute ist nicht alles überhaupt nichts wenn menschliche Natur da ist.

Aber jede Minute ist alles also gibt es einen menschlichen Geist.

Denken Sie nur wie oft sehr oft keiner da ist, kein menschlicher Geist da ist und jede Minute also nicht alles ist.

Jeder kann sehen daß die menschliche Natur nicht imstande ist aus jeder Minute alles zu machen.

Man fragt mich gibt es irgendeinen Fortschritt und ich antworte und dann ist die menschliche Natur nicht interessant ja natürlich nicht sie ist nicht interessant. Freilich ist sie da es gibt sie aber gerade dann ist sie nicht interessant.

Kapitel I

Eins und eins macht zwei aber nicht in Minuten. Nein nie wieder in Minuten.
Das eben ist der Geist des Menschen. Er hat nichts von Minuten an sich. Fortschritt natürlich, natürlich gibt es keinen Fortschritt nein da ist der menschliche Geist nicht interessant aber ja da ist er geradeso gut wie nicht.

Kapitel II

Wenn jemand sagt und wie geht es Rachel und Sie antworten danke sehr gut heißt das daß Rachel zu Ihnen gehört.
Wie geht es Amerika. Danke sehr gut. Das ist die Antwort. Wenn Sie sagen danke so heißt das gewissermaßen es gehört zu Ihnen. Danke sehr gut.
Die menschliche Natur ist das was jedes menschliche Wesen tun will und wird. Und der Geist des Menschen. Tränen treten mir in die Augen wenn ich sage der Geist des Menschen. Tränen treten mir nicht in die Augen es ist das Gefühl von Tränen meine Augen sind das Gefühl von Tränen. Und nicht weil ich sage der Geist des Menschen. Sondern weil der menschliche Geist da ist. Oh ja er ist da es gibt einen menschlichen Geist. Nicht gerade bei einem flüchtigen Blick durchaus nicht bei einem flüchtigen Blick. Wenn sie sagt sieh mal, die Rosen ist das menschliche Natur oder der menschliche Geist.
Sie wird mir sagen, ja sie wird mir sagen ob es wenn sie sagt sieh mal, die Rosen ob das menschliche Natur ist oder der menschliche Geist.
Die menschliche Natur ist das was jedes menschliche Wesen tun will und wird.
Das zu sagen ist etwas sehr Befriedigendes.
Und der Geist des Menschen ist wie man sagt das was jedes menschliche Wesen hat oder tut oder vielleicht tut oder tun kann.
Ganz und gar nicht ganz und gar nicht ganz und gar nicht.

Das hat nichts zu tun mit dem menschlichen Geist. Es ist das gleiche wie wenn man sagt die menschliche Sprache ist das gleiche wie der Geist des Menschen und das ist sie nicht.
Ob der menschliche Geist existieren könnte oder nicht wenn es keine menschliche Sprache gegeben hätte das weiß ich nicht aber das weiß ich daß der Geist des Menschen nicht das gleiche ist wie die menschliche Sprache. Hat das eine oder hat man irgend etwas zu tun mit dem andern ist Schreiben wieder etwas anderes, oh ja und das ist so aufregend so befriedigend so zart daß sich alles daraus ergibt alles Schreiben hat nichts zu tun mit der menschlichen Sprache mit der menschlichen Natur und darum und darum hat es etwas zu tun mit dem Geist des Menschen.
Nehmen wir ein Beispiel ein Hund kann auf einen anderen Hund zulaufen um ihn zum Nachlaufen zu reizen und er erinnert sich daran und tut es wieder nicht weil es so ist wie er sich daran erinnert sondern weil es so ist wie er es tut.
Ein kleines Mädchen nun oder Bübchen läuft auch auf ein anderes zu um es zu reizen aber es sagt es es sagt jetzt hab ich dich gefangen und es sagt jetzt fang ich dich und es sagt hast du ihn oder sie gefangen und es sagt ich kann dich fangen wenn ich will.
Das könnte der Geist des Menschen sein ist es aber nicht.
Jedem kleinen Kind muß beigebracht werden Fangen ist spielen weil auch wenn jeder Hund Fangen spielt und also jedes Kind Fangen spielen kann es jedem Kind doch beigebracht werden kann sich fangen zu lassen.
Das hat nichts zu tun mit der menschlichen Natur das hat etwas zu tun mit dem Geist des Menschen.
Die menschliche Natur kann also sprechen aber das kann auch jeder Hund.
Aber der Geist des Menschen kann schreiben und das kann nicht jeder Hund und deshalb ist das menschliche Schreiben nicht menschliche Natur es ist der menschliche Geist.
Wie sie ausschaut wenn sie sieht wenn sie gesehen wird, das kann die menschliche Natur zu dem machen was sie ist aber

der Geist des Menschen nicht obgleich ihm beinahe Tränen in die Augen steigen können, oh nicht der menschliche Geist, nein nicht der menschliche Geist.
Wenn jemand oder etwas schaut und sieht wie das was man sieht ausschaut kann man nicht wissen ob es menschliche Natur oder der menschliche Geist ist aber man kann etwas wissen man wird etwas wissen und deshalb kann man wenn man etwas anschaut nur wissen daß die menschliche Natur nicht der Geist des Menschen ist. Einmal in einem Stück. Oder sogar zweimal oder öfter in einem Stück.
Ein Stück ist nur ein kleiner Weg und er muß enden selbst wenn die Welt rund und das Land darauf flach ist denn es ist so wie es ist wie ein Teppich aber daran kann der Geist des Menschen nicht denken nein daran kann er nicht denken, ja das ist so.
Wenn etwas ausschaut wie es ist und es ist Land und irgendeiner der schreibt oder malt sagt es ist so braucht niemand mehr daran zu denken.

Kapitel IX

Wie etwas anschauen es nicht anders macht als wie es ausschaut.
Das ist der Grund warum man es so macht nicht weil man es anschaut sondern weil es so ist. Ja der Geist des Menschen.

Kapitel X

Eine Beschreibung davon wie das Land das amerikanische Land das Land in Amerika ausschaut und flach ist so ist und flach ausschaut.

Kapitel I

In manchen Hundeaugen ist bei Nacht ein Rubinlicht entfacht und manche Hundeaugen sind grün bei Nacht.
Hat dies etwas mit dem Geist des Menschen zu tun. Es könnte.
Es kann nichts mit menschlicher Natur zu tun haben das

kann man leicht sehen. Sehen wird hier im Sinne von wissen gebraucht.
Dies alles hat etwas mit Aufregung zu tun und hat Aufregung etwas mit dem Geist des Menschen zu tun.
Jeder Hund kann aufgeregt werden er kann wissen daß er aufgeregt werden kann und er kann wissen daß er vorhat aufgeregt zu werden und er kann allmählich gezwungen werden aufgeregt zu werden obwohl ihm das gleichgültig ist. Menschliche Natur ist so und der Geist des Menschen.
Hier beginnen wir auf eines der umfassendsten Probleme in bezug auf den menschlichen Geist zu stoßen. Ich muß jeden mit oder ohne Tränen in meinen Augen fragen hat Erregung irgend etwas mit dem Geist des Menschen zu tun.
Hat sie etwas mit Geographie zu tun.
Sie hat zweifellos mit Politik und Propaganda und Regierung zu tun und mit Hier- und Dortsein und mit Gesellschaft hat sie etwas mit Schreiben zu tun. Kurz hat sie und jetzt habe ich keine Tränen in den Augen hat sie etwas mit dem Geist des Menschen zu tun.

Kapitel II

Was hat Aufregung zu tun mit Geographie und wie schaut das Land das amerikanische Land von oben her aus von unten und von Brauch und Sitte her.
Gibt es irgendwelche Bräuche und Sitten in Amerika es gibt eine Geographie und was was ist der Geist des Menschen. Es gibt den menschlichen Geist er ist da weil man schreibt und nicht vergißt oder sich erinnert und weil man nicht weggeht und wieder zurückkommt. Das eben tut der Geist des Menschen nicht die menschliche Natur aber der Geist des Menschen. Hören Sie auf den Geist des Menschen.
Ich will eine Geschichte erzählen über den Geist des Menschen was für eine Geschichte ist das.
Es ist die Geschichte von Bennett. Bennett hat einen Onkel der so jung ist wie er ist das heißt er ist etwa gleichaltrig und das Alter hat nichts zu tun mit dem Geist des Menschen.

Sobald sehr viele einem zuhören das heißt ein Publikum und falls sehr viele einem zuhören was ist das für ein Unterschied.
Bennett und sein Onkel wissen überhaupt nichts davon.
Und warum nicht. Weil das nichts zu tun hat mit dem Geist des Menschen.
Bennetts Onkel hat nichts zu tun mit dem Geist des Menschen weil er auf den menschlichen Geist hört und wenn man auf den menschlichen Geist hört gibt es einen menschlichen Geist auf den man hört.
Bennetts Onkel hat nichts zu tun mit menschlicher Natur weil die menschliche Natur nun ja wenn man Tränen hat für die menschliche Natur und die menschliche Natur hat nach und nach keine Tränen mehr wie kann man da menschliche Natur haben.
Und dies und das bringt uns dahin daß die menschliche Natur jetzt keine Tränen hat und dies ja dies ist alles wegen der Geographie-Geschichte, da die Geographie nun das geworden ist was sie jetzt da das Land daliegt wie es daliegt und da jeder der es anschaut sieht wie es ist gibt es keine Tränen mehr in der menschlichen Natur.
Und darum wo also wo ist Bennetts Onkel, er ist nicht beim Geist des Menschen weil er auf den menschlichen Geist hört und er ist nicht bei der menschlichen Natur weil es in der menschlichen Natur keine Tränen gibt. Wo ist Bennett. Bennett ist nicht da, weil Bennett nicht auf den Geist des Menschen hört und weil er keine Tränen hat mit der menschlichen Natur und deshalb ist Bennett das was er ist. Und was ist das und wie viele sind so.
Man sagt, daß wenn jeder weitergelebt hätte es hier und jetzt wo wir alle sind gar keinen Raum gäbe für uns die wir hier und jetzt sind was Bennett und Bennetts Onkel mit einschließt. Und das würde seinen Onkel zum Weinen bringen wenn jeder sterben müßte nicht aber Bennett Bennett würde nicht weinen weil Bennett als Bennett weiß daß er menschliche Natur ist und die menschliche Natur weint nicht nicht

jetzt es sei denn die menschliche Natur ist der menschlichen Natur müde, sie kann müde sein aber ist die menschliche Natur jetzt müde, nein nicht jetzt.
Es ist aufregend nicht zu weinen. Ja und nein und Bennett weiß daß dies so ist.

Kapitel III

Es gibt keine Kapitel in Bennetts Leben aber es gibt Kapitel im Leben von Bennetts Onkel weil er weiß und da er weiß, er weiß daß es zu Zeiten eine Zeit gibt in der er nach vorne schauen und an die er sich erinnern kann und wenn man das kann dann ist das nicht der Geist des Menschen. Der menschliche Geist kann nicht und tut nicht nach vorne schauen und sich erinnern und also kann Bennetts Onkel wirklich und wahrlich nicht auf den Geist des Menschen hören. Und also ist er ein Kommunist. Ein Kommunist und Individualist ein Propagandist ein Politiker kann nicht auf den Geist des Menschen hören, ein Geschäftsmann kann und jeder der sitzen und schreiben kann der kann auf den Geist des Menschen hören. Kann Bennett es, nun ich weiß nicht ob Bennett es kann.
Was man nicht essen kann das kann man.
Ja Bennett.

Kapitel IV

Die Welt wie wir sie sehen schaut so aus.
Man dachte immer die Welt sei da wie wir sie sehen aber dem ist nicht so die Welt ist da wie sie ist die menschliche Natur ist da wie sie ist und der Geist des Menschen. Der Geist des Menschen weiß dies, daß alles da ist wie es ist.
Nur der Geist des Menschen weiß dies und das ist der Grund warum er nicht das ist was jeder sagt sondern das was jeder schreibt das hat etwas zu tun mit dem was es mit dem Geist des Menschen auf sich hat.
Das eben macht den comic strip aus, Mr. und Mrs. der Erfolg ist es, es ist daß der Geist des Menschen weiß daß er

ist was er ist. Er weiß sogar daß menschliche Natur das ist was sie ist deshalb hat er es nicht nötig sich zu erinnern oder zu vergessen nein der Geist des Menschen erinnert sich nicht denn wie kann man sich erinnern wenn alles ist was es ist.
Oder wie kann man vergessen wenn alles ist was es ist.
Segen über eine Frau die das klar gemacht hat.

Kapitel V

Und deshalb hüpfen und singen sehr viele Vögel.
Alles ist was es ist.

Kapitel VI

Es gibt Vögel in Amerika aber ich habe sie nicht beachtet nicht so sehr wie ich sie hier beachtet habe.
Es gibt sehr viele Vögel in Amerika aber ich habe sie nicht beachtet.
Ich beachte sie aber hier. Man beachtet Vögel wenn man bei ihnen sitzt. Das ist natürlich da Vögel immer zwitschern singen und fliegen. Sie kommen so natürlich herein und gehen wieder hinaus wie die Hunde man beachtet sie wenn man gerade da sitzt.
Ich habe drüben ein paar Tiere beachtet, es ist natürlich sie zu beachten als wären sie wilde natürlich lebende Tiere wo sie vorher immer wildlebende waren.
Vorher immer wildlebend soll heißen daß damals niemand an ihrem Da-Sein interessiert war außer daß sie da waren das heißt als sie wild waren als ob sie wildlebend wären. Jetzt achtet man darauf daß sie noch wild sind aber weiterhin da sind. Das macht das Amerika-Sein da drüben aus daß niemand den Unterschied zwischen der menschlichen Natur und den wilden Tieren dort kennt weil es noch mehr nichtwilde gibt aber da welche da sind gibt es jetzt mehr davon da sie so leicht leben wie alles zumal niemand vorhat irgendeinem von ihnen irgend etwas geschehen zu lassen. Mit anderen Worten drüben in Amerika leben die wilden so als ob es sie gäbe und als ob ihnen nichts geschehen könnte wie wenn

sie dort so lebten was sie ja tun daß niemand daran denkt daß sie dort sterben was sie ja tun.
Das eben ist Frieden aber immer gibt es jemanden der nicht gespürt hat daß man das machen konnte daß jedes lebende Wildtier dort wo es lebt natürlich weiterleben konnte bis es tot war. Tot ist nicht uninteressant und es ist auch nicht uninteressanter als ebendas für jedes Tier oder für die menschliche Natur.
Das also ist Frieden.
Plötzlich kommt es dazu daß jeder friedlich sein kann und gar nichts anderes kennt.
Hat das etwas zu tun mit dem Land wie es ist und mit dem Geist des Menschen.
Gerade so wahrscheinlich wie nicht gibt es da keine Tränen.
Sie sagt sie wollte die einzige ideale sein, aber das ist sie ja, was sonst als das, sie ist es, und so bleibt der Geist des Menschen bei dem was ist.
Ja was er ist, das.
So nennt man es. Das.

Kapitel VII

Jetzt möchte ich nur sagen was die menschliche Natur ist und was ihre Beziehung zum Geist des Menschen ist.
Ich kenne so gut die Beziehung eines einfachen Mittelpunktes und eines ununterbrochenen Musters zu dem Land wenn man darauf herunterschaut, zu einer wandernden Linie wenn man darauf herunterschaut, zu einem quadratischen Ausschnitt wenn man darauf herunterschaut, zu den Schatten eines jeden Baumes auf dem Schnee und den Wäldern auf jeder Seite und dem höher gelegenen Land dazwischen und ich weiß so gut trotz der Tatsache daß der Geist des Menschen das nicht anschaut daß der menschliche Geist es hat daß er wissen muß daß es so da ist, ungeachtet der Tatsache daß der Geist des Menschen das gern hat was er selber hat und was nicht so ist wie das.

Hat der Geist des Menschen irgend etwas zu tun mit dem was er sieht. Ich glaube ja. Mit dem was er mag. Nein das glaube ich nicht. Mit dem was er hat. Nein das glaube ich nicht, mit Kommunismus Individualismus Propaganda Politik und Frauen nein und ja ich glaube das ist nicht so das glaube ich. Mit der Welt wie man sagt daß sie sei. Nein das glaube ich nicht. Was also ist der Geist des Menschen. Hat der Geist des Menschen irgend etwas zu tun mit Frage und Antwort. Vielleicht nicht ich glaube es nicht.

Kapitel IV

Man sagt ich hätte nicht recht wenn ich sage daß das was man sagt nicht das gleiche sei wie das was man schreibt gut oder schlecht aber versuch doch mal einer zu schreiben dann wird man schon sagen daß es so ist.
Wenn man schreibt nun wenn man schreibt versuch doch mal einer zu schreiben gut oder schlecht dann wird man schon sagen ich habe recht.
Was man sagt hat nichts zu tun mit dem was man schreibt.
Regnet es in Amerika oh ja und es gibt Schnee. Hoch oben und tief unten gibt es Schnee, Schnee Schnee wirklich schönen Schnee.
Was ist der Unterschied zwischen etwas und etwas.
Oh ja, das eben muß man wissen.
Was ist der Unterschied zwischen etwas wie Schnee und wie Schnee.
Man sagt wenn ich sage es geht nicht darum was sie sagen sondern darum was sie schreiben das habe etwas zu tun mit dem Geist des Menschen man sagt wenn ich das sage ich hätte nicht recht aber ich habe recht weil ich dies schreibe und weil ich es nicht sage. Wenn ich es sage ist es nicht so aber wenn ich es schreibe ist es so. Jeder kann wissen daß es so ist.
Und damit kommen wir zu dem was das wirklich ist was wir schreiben, was wir schreiben ist wirklich ein Kriminalroman.

Warum hat das Schreiben von heutzutage etwas zu tun mit der Landeslage wenn es besonders flaches Land ist das ist die Frage. So hängt ein Land mit dem Geist des Menschen zusammen nur flaches Land ein sehr großes flaches Land hängt mit dem Geist des Menschen zusammen und deshalb hängt Amerika mit dem Geist des Menschen zusammen, ich kann das sagen ich sage es auch aber was ich jetzt tue ist es hinzuschreiben. Man denke nicht wie ein Land ausschaut sondern wie ein Land liegt was heutzutage mit dem Geist des Menschen zusammenhängt.
Und so weiter und deshalb gibt es keinen wirklichen Grund für Tränen.
Nur wenn ihr Sohn aus einem Karren gefallen ist und wenn mitten in der Ernte die kleinen Fußgelenkknochen gebrochen sind und er zwei Monate lang nicht arbeiten kann. Dann steigt ihr aus Nervosität Wasser in die Augen.

Kapitel II

Der Gebrauch des menschlichen Geistes und sein Zusammenhang mit dem was geschrieben wird.
Man bedenke was jeder tut man liest was geschrieben wird oder geschrieben worden ist. Man liest nicht was gesagt wird oder gesagt worden ist.

Kapitel III

Dies alles ist wahr Sie werden es sehen, wenn wir gründlich so weiter gehen.

Kapitel I

Alle Zeugen der Autobiographie sind nicht tränenerfüllt. Falls doch sind es Tränen der Wut nicht Tränen der Sorge und Nervosität und Aufregung aber wirklich und wahrhaftig es ist nötig zu weinen wenn man etwas liest, Weinen macht Lesen zum Vergnügen, aber es hat nichts zu tun mit dem Geist des Menschen, es hat nichts zu tun mit Schreiben.

Nur nicht bei der Familie. Bei der Familie machen Tränen kein Vergnügen. Sie machen Vergnügen bei der Lektüre. Zeigt dies daß Lesen etwas mit dem Geist des Menschen zu tun hat. Man sagt daß niemand außer dem Menschen weint und Tränen deshalb zeigen daß es einen menschlichen Geist gibt. Nicht bei der Familie ich wiederhole nicht bei der Familie aber bei der Lektüre ja bei der Lektüre.
Und also hören Sie zu, Nervosität führt zu Tränen und Lesen. Sorgen sind etwas anderes, Sorgen können mit Lesen zusammenhängen. Und so und so viele Menschen lesen genau so viele Menschen machen sich Sorgen sie müssen sich weder Sorgen borgen noch Lektüre und was ist hier der Zusammenhang mit dem Geist des Menschen.
Es macht mir Unbehagen wenn ich denke daß es hier eine Frage gibt über die Beziehung zwischen der menschlichen Natur und dem Geist des Menschen und doch bin ich ganz sicher daß es keine Beziehung zwischen der menschlichen Natur und dem Geist des Menschen gibt keine Beziehung zwischen der menschlichen Natur und dem Geist des Menschen.

Kapitel II

Die Zeugen meiner Autobiographie. Man bedenke was für ein wunderbarer Titel das wäre für eine Autobiographie man bedenke nur man bedenke wie viele verschiedene Titel für Autobiographien erfunden worden sind, man bedenke bloß man bedenke nur und es ist erstaunlich immer erstaunlich wie vielen Menschen ein neuer Titel für eine Autobiographie einfallen kann. Und doch haben Autobiographien mit dem menschlichen Geist nichts zu tun, und sie haben wirklich nichts zu tun mit Tränen und Lesen. Wenn man gesagt hat Lesen macht Lesen ohne Tränen leicht und jemand schickt mir eine so schöne Ausgabe davon, heißt das dann Tränen haben etwas mit dem menschlichen Geist zu tun wie man so oft sagt.
Und jetzt gibt es keine Tränen beim Lesen. Ein Filmstar

sagte, ganz gleich wie viel auf der Leinwand geweint wird oder wie viele weinen das Publikum bleibt trockenen Auges. Hat das etwas zu tun mit der Tatsache daß es keinen Zusammenhang keine Beziehung zwischen Lesen und dem Geist des Menschen gibt.
Läuft es auf das hinaus.
Hat der Geist des Menschen vergessen darauf hinauszulaufen.
Man hat mir erzählt daß ich immer nervös und unbeschäftigt gewesen sei, daß ich mich nie darum gekümmert hätte meine Zeit mit Dingen auszufüllen die die Zeit ausfüllen und daß ich folglich nicht zum Erinnern oder Vergessen neige und daher einen menschlichen Geist habe. Eben deshalb habe ich einen menschlichen Geist. Ist es eben deshalb daß jeder der einen menschlichen Geist hat dasselbe tut, nichts dazu tut um sie auszufüllen.
Ist es das was ihn dazu macht.
Und daher gibt es keine Zeugen für die Autobiographie von irgend jemandem der einen menschlichen Geist hat.
Ist das alles was ihn dazu macht.
Es gibt keinen Grund warum Kapitel aufeinander folgen sollten da nichts aufeinander folgt, heutzutage nicht mehr. In den alten Romanen ja aber heutzutage nicht mehr und deshalb sollte der Geist des Menschen weiterleben da er nicht einer Sache nach der andern folgt in der Annahme keiner tue etwas. Wie steht es damit.
Hat das etwas mit dem Geist des Menschen zu tun.
Nein nicht wenn es genauso ist.
Im Augenblick da es etwas bedeutet hat es nichts mit dem Geist des Menschen zu tun, mit der menschlichen Natur ja, aber nicht mit der Art wie die Erde ist und ausschaut und nicht mit dem menschlichen Geist. Nein nichts mit dem Geist des Menschen.
Jeder weiß gerade heutzutage daß nichts auf irgend etwas folgt. Und so ist gerade heutzutage, ja gerade heutzutage der Geist des Menschen der Geist des Menschen.

Kapitel III

Die Venus ist so groß daß sie einen Ring um sich haben kann wie der Mond. Jo Alsop.

Kapitel IV

Ich möchte Jo Alsop gerne zeigen warum der Geist des Menschen nicht das ist was er darin sieht wenn er sagt daß manche Geister sagen was sie sagen. Jedes Wort kann etwas sagen aber wirklich das hat nichts mit dem menschlichen Geist zu tun. Laßt mich das Jo Alsop erklären. Er ist kein Zeuge für eine Autobiographie. Deshalb sollte man ihm wieder einmal sagen was der Geist des Menschen ist. Man muß ihm nicht sagen was menschliche Natur ist weil er an der menschlichen Natur nicht interessiert ist aber man muß ihm sagen was der Geist des Menschen ist weil er obwohl er am menschlichen Geist interessiert ist nicht weiß daß der Geist des Menschen nicht mit der menschlichen Natur in Beziehung steht.

Hören Sie zu Jo Alsop während ich dies erkläre.

Kapitel V

Warum ist es nicht notwendig Kapitel zu haben und wenn man trotz ihrer Nichtnotwendigkeit doch welche hat warum müssen sie nicht aufeinander folgen.

Man weiß nichts über das Wort notwendig aber Jo Alsop weiß etwas über das Wort notwendig, oh ja er weiß etwas, er sagt nein aber oh ja er weiß etwas und eben deshalb weil er etwas über das Wort notwendig weiß weiß er deshalb nichts über den Geist des Menschen. Keiner der das Wort notwendig kennt kann sagen daß es ihm gefällt oder auch nicht aber Jo Alsop kann. Er kann es und er tut es.

Laßt uns nicht weinen um Jo Alsop und weder unsere noch seine Augen mit Tränen füllen.

Und dennoch.

Einmal mehr ist das Wort notwendig nicht fehl am Platz.

Der Geist des Menschen kann nicht fehl am Platz sein. In dieser Hinsicht ist er nicht das gleiche wie das Wort notwendig.
Ruhe wohlbedacht heute nacht.

Kapitel IV

Wohlbedacht ist ein so holdes Wort.

Kapitel V

Ich weiß nicht wohin ich gehe aber ich bin auf meinem Weg und dann plötzlich nun vielleicht nicht plötzlich aber vielleicht doch weiß ich wohin ich gehe und es gefällt mir nicht daß es so ist.
Deshalb gibt es so etwas nicht wie eins und eins.
Das hat sehr viel zu tun mit der Beziehung zwischen der menschlichen Natur und dem Geist des Menschen und es hat auch sehr viel zu tun mit der geographischen Geschichte von Amerika.
Wenn man plötzlich weiß daß die geographische Geschichte von Amerika mit allem etwas zu tun hat könnte das sein wie jeden Mann lieben oder jede Frau oder selbst einen kleinen oder einen großen Hund. Ja es könnte, das heißt es ist so.
Und warum.
Warum hat nichts damit zu tun.
Manche Leute mögen ein großes Land und manche Leute mögen ein kleines aber je nachdem es hängt alles davon ab ob man um ein großes herumwandern kann oder um ein kleines. Um ein Land herumwandern hat etwas mit der geographischen Geschichte dieses Landes zu tun und mit der Art wie ein Stück davon nicht von irgendeinem andern getrennt ist. Kann man zu oft sagen wie auch lieben oder Tränen in den Augen haben daß die geraden Linien auf der Karte der Vereinigten Staaten von Amerika eine Botschaft wandern lassen und ein Alles und kann es nur ein großes Land sein das so sein kann oder sogar ein kleines. Jedenfalls hat es sehr viel zu tun mit der Beziehung zwischen der

menschlichen Natur und dem Geist des Menschen und mit dem Sich-nicht-Erinnern und mit dem Nicht-Vergessen und mit nicht so viel und wieviel Tränen in den Augen haben. Nein keine Tränen in den Augen, was immer irgendein anderer sagen kann. Beim Herumwandern um ein großes Land wandern manche Leute die in einem großen Land leben gar nicht. Was hat Wandern mit dem Geist des Menschen zu tun oder mit Religion. Aber wirklich Wandern hat etwas zu tun mit dem menschlichen Geist. In einem großen oder einem kleinen Land. Wandern in einem großen oder einem kleinen Land.

Die Beziehung zwischen Nervosität und Aufregung und dem Tod und dem Tod von René Crevel. René Crevel war nicht nervös er war wirklich nicht aufgeregt und das deswegen weil er in einem Land war wo niemand wandert.

Kapitel V

Jederzeit nach einem Krieg ist jeder nervös. Man denkt man sei aufgeregt aber man ist nervös.

Man kann verstehen wie dies das Wandern und den Geist des Menschen näher bringt näher zu was, näher zu näher. Aber nervös hat nichts zu tun mit dem Geist des Menschen. Ob Aufregung, das wissen wir noch nicht aber wir nehmen es an.

Kapitel VI

Jeder ist jederzeit nach einem Krieg nervös.

Man ist nicht aufgeregt man ist nervös das hat mit keinem von beidem etwas zu tun weder mit der menschlichen Natur noch mit dem Geist des Menschen.

Die menschliche Natur hat nichts mit nervös sein zu tun. Wenn ein Hund nervös ist hat das nichts zu tun mit dem menschlichen Geist.

Und also ganz richtig also hat nervös sein nichts zu tun mit der Beziehung zwischen der menschlichen Natur und dem Geist des Menschen.

Aber hat es etwas zu tun mit dem menschlichen Geist.

Kapitel VII

Wie langsam wird alles Nervosität, und das trifft nicht zu auf die Aufregung, die nicht auf alles zutrifft.
Hat Aufregung etwas zu tun mit dem Geist des Menschen.
Nicht Zögern.
Hat Aufregung etwas zu tun mit dem Geist des Menschen.
Wenn man etwas so nahe kommt hat das nichts zu tun mit Nervosität.
Nervosität hat nichts zu tun mit irgend etwas aber sie ist immer da nach einem großen Krieg.
Bitte allen Respekt den Toten zollen zu wollen, aber nicht in Amerika nicht wo ein Land so groß ist daß ein Teil vom andern durch mit dem Lineal gezogene Linien getrennt wird und flach muß es sein, flach muß es sein, sonst gibt es keine Hoffnung den Toten keinen Respekt zollen zu wollen.
René Crevel wäre gerne nach Amerika gegangen er hat immer darauf gehofft in der Not.
Aber jetzt ist er tot.
Er hat sich umgebracht.
Es gibt Respekt vor den Toten aber nicht da drüben denn ach so viel von dem Land da ist flach.
Es gefällt mir daß es so ist.

Kapitel II

Ich hätte mit dem Kapitel I anfangen können aber jedem und auch mir steht das bis hier.

Kapitel II

Doch sag' wer das ist der eines Tages nicht ißt und auch nicht weggehen mag.
Pilze sind ein gutes Essen.
Aber wir haben René Crevel nie welche gegeben.
Was ist die Beziehung des menschlichen Geistes zu einer wirklichen Person die wirklich gelebt hat oder einer bei der

man durcheinanderkommt ob sie wirklich niemals hier gewesen ist oder nicht.
Wir ändern uns nicht wenn René Crevel nicht hier gewesen noch niemals hier gewesen ist.
Niemand hat je etwas von ihm gehört aber was hat das damit zu tun ob man sich über ihn aufregen wird.
Überhaupt nichts überhaupt nichts überhaupt nichts.
Und wenn er ganz und gar erfunden wäre.
Irgend etwas könnte auch so mit der menschlichen Natur zu tun haben.
Und mit dem Geist des Menschen.
Ich frage mich.

Kapitel III

Ich mag den Geist des Menschen.

Kapitel IV

Die menschliche Natur.
Die menschliche Natur regt mich nicht auf aber sie macht mich nervös.
Deshalb ist die menschliche Natur wie ein großer Krieg, sie macht einen nervös.
Sie ist nicht nervös aber sie macht einen nervös.
Und da sie einen nervös macht hat sie nichts zu tun mit Aufregung oder mit dem Geist des Menschen.
Ich mag fast alle die mir das sagen.
Und jeder sagt mir das sagt mir daß die menschliche Natur nichts zu tun hat mit Aufregung oder mit dem Geist des Menschen weil die menschliche Natur einen nervös macht.
Und Politik und Geographie und Regierung und Propaganda, nun ja was ist damit was ist mit Politik und Geographie und Regierung und Geld und Propaganda, machen sie einen nervös. Tun sie das.

TEIL II

Kapitel I

Es gibt immer eine Beziehung zwischen einer Sache und einer andern Sache wie zum Beispiel der menschlichen Natur und dem Geist des Menschen, zwischen der Malerei und dem was man malt zwischen einem schwarzen und einem weißen Hund obwohl sie nicht miteinander verwandt nicht aufeinander bezogen sind.
Eine Beziehung sein ist die eine Sache.
Gerade heute sagte ich ist sie eine Mutter oder eine Tochter.
Nun jedenfalls könnte man denken daß sie jedenfalls eine Tochter hat gewesen sein müssen.
Aber keinesfalls hätte sie eine Enkelin sein können.
Eine Beziehung sein ist keine notwendige Sache.
Jo Alsop, ist er eine Beziehung.
Vielleicht nicht.
René Crevel war eine.
Thornton Wilder ist eine.
Manchmal ist manch einer so als wäre er der einzige Sohn.
Aber ist er überhaupt ein Sohn.
Vielleicht ist er nie einer gewesen.

Kapitel II

Es ist sehr schmerzlich falls es wahr ist daß nicht jede Nachtigall singen kann.
Ich könnte nichts sagen von solchen Dingen weil ich nie einer Nachtigall zugehört habe die nicht fähig war zu singen.
Ich habe zugehört wenn sie begannen.
Ist Beginnen Singen.
Was das betrifft so weiß man daß es in Amerika keine Nachtigallen gibt wohl aber gibt es Spottdrosseln.
Und was haben die Spottdrosseln getan.

Sie haben sich ausgebreitet.
Sie waren früher nur im Südosten, und jetzt ziehen sie weiter und weiter nordwärts und vorher sind sie schon westwärts gezogen nach Los Angeles und ferner und ferner nach Norden vielleicht werden sie überall sein, der Nationalvogel der Vereinigten Staaten.
Jemand der in Kalifornien geboren war hatte noch nie eine gehört.
An all dies muß man denken bei der Beziehung zwischen der menschlichen Natur und dem Geist des Menschen und der geographischen Geschichte von Amerika.

Kapitel II

Das Wetter hätte ich eigentlich hassen sollen wäre es nicht so ein Spaß, das Wetter nicht hassen zu wollen sondern kaltes Wetter lieben zu sollen. Wetter hat nichts zu tun mit dem Geist des Menschen weder kaltes noch heißes noch mildes noch wildes Wetter. Es hat könnte man fast sagen nichts zu tun mit der menschlichen Natur.
Was ist die menschliche Natur.
Die menschliche Natur ähnelt der Natur die alle menschlichen Wesen haben. Sie ist nicht notwendig so aber sie ähnelt ihr. Wie kann etwas dumpf sein sogar der Tod wenn nichts ihm ähnelt. Ob man schreibt oder nicht man könnte gar nicht schreiben wenn irgend etwas irgend etwas anderem ähnelte oder nicht. Das ist sehr wichtig und keiner kann irgend jemanden oder irgend etwas stören.
Ähneln und stören.
Hunde spielen ob sie wollen oder nicht miteinander.
Und jetzt.
Was ist die Ähnlichkeit zwischen der menschlichen Natur und dem Geist des Menschen.
Der Geist des Menschen hat keine Ähnlichkeiten wenn er sie hätte könnte er nicht schreiben will sagen nichts Richtiges und Wichtiges.
Nun das ist besser als nicht gesagt.

Kapitel III

Es ist sehr wahrscheinlich daß etwas immer viel Zeit braucht.

Ein Spiel.

Ich sage zwei Hunde, sage aber ein Hund und ein Hund.
Der Geist des Menschen. Der Geist des Menschen spielt tatsächlich. Natürlich spielt der Geist des Menschen.
Die menschliche Natur. Nein die menschliche Natur spielt nicht, sie könnte sich etwas wünschen aber sie spielt nicht.
Ein Hund spielt weil er wieder spielt.
Der Geist des Menschen spielt weil er spielt.
Die menschliche Natur spielt nicht weil sie nicht wieder spielt.
Und macht so aus Nervosität und nicht Aufregung ein Spiel.
Und macht dann aus Aufregung und nicht Nervosität ein Spiel.
Und dann ein Spiel machen nur mit dem Geist des Menschen.
Versuchen wir es.

Ein Spiel.

Machen. Es gibt keinen Platz zu warten.
Wilder. Gemacht ist nicht vergangenes Machen.
Rufe alles zur Ordnung weil hier vielleicht nicht alles ganz im Geist des Menschen bewahrt worden ist.
Und das also um wieder zu beginnen.
Machen. Kein Fall von Machen.
Wilder. Verwandeln Sie nicht wild in wilder.
Machen Sie jetzt ein Spiel mit der menschlichen Natur und gar nichts vom Geist des Menschen.
Pfingstrosen riechen wie Magnolien.
Hunde riechen wie Hunde.
Männer riechen wie Männer.

Und Gärten riechen verschieden zu verschiedenen Jahreszeiten.
Dies ist ein Irrtum dies ist nicht menschliche Natur es läuft mehr darauf hinaus etwas mit dem Geist des Menschen zu tun zu haben.
Versuchen Sie nochmal ein Spiel.
Selbst diejenigen die nur durchschnittlich sind wissen was der Geist des Menschen ist. Aber nicht wenn sie betrunken sind. Niemand weiß was der Geist des Menschen ist wenn die Leute betrunken sind.
Jedes kleine Spiel hilft.
Ein weiteres Spiel.
Es gibt schon einen Unterschied zwischen ruhen und warten.
Nehmen Sie sich in acht vor Analyse und Analogie.
Ein Spiel.
Es gibt kein Dazwischen in einem Spiel.
Ein Spiel könnte ebenso gut nur zwei meinen.
Dann könnte es ausreichend erscheinen.
Es könnte wirklich so will mir scheinen etwas zu tun haben mit dem Geist des Menschen.
Dies ist Lesen ohne Tränen aber gibt es Schreiben ohne Tränen.
Ja das gibt es wenn man angehalten worden ist nicht zu weinen.

Kapitel IV

Jeder der einen Großvater hat hat einen Urgroßvater gehabt und dieser Urgroßvater hat einen Vater gehabt. Dies trifft auch auf eine Großmutter zu die eine Enkelin war und deren Großvater einen Vater hatte.
Er hatte Brüder und sie lebten weiter dort wo er hergekommen war. Sie schrieben einander immer. Zu jeder Zeit kann jeder der schreiben kann einem anderen schreiben.
Aber worüber schreiben sie eigentlich.
Sie schreiben über das Wetter und manchmal über das was

sie verkauft haben niemals über das was sie einander geschenkt haben weil und das darf man nie vergessen, sie einander immer irgend etwas verkaufen immer etwas verkauft haben immer etwas verkaufen können.
Man könnte sagen ich glaube man könnte sagen daß niemand irgend jemandem wirklich etwas schenken kann aber jeder kann jemandem etwas verkaufen.
Das gerade macht den Geist des Menschen aus und nicht die menschliche Natur obwohl sehr viele sagen könnten es sei nicht so, jeder kann etwas dazu sagen. Aber es ist so.
Und der Geist des Menschen kann dadurch leben und lebt tatsächlich dadurch daß jeder fähig ist jemandem etwas zu verkaufen. Das eben ist das Geld nicht schenken sondern verkaufen.
Glaubt es oder nicht das eben ist das Geld und der Geist des Menschen. Die menschliche Natur vielleicht nicht aber von welchem Interesse ist schon die menschliche Natur. Jeder Hund tut was er tut und tut was die menschliche Natur tut und wenn nicht ja wenn nicht warum nicht und wenn warum nicht was interessiert das denn den Geist des Menschen. Gar nicht.

Das eben ist der Geist des Menschen daß die menschliche Natur ihn überhaupt nicht interessiert, er steht in keiner Beziehung zu ihr. Deshalb ist der menschliche Geist nicht Sexualität und Eifersucht das ist menschliche Natur und daher schreiben diejenigen die Briefe schreiben jeder der Briefe schreibt nicht darüber, sie schreiben über das Wetter und Geld und die Familie in ihrer Beziehung zum Geld und zum Wetter. Sehr wahrscheinlich nicht aber das ganz bestimmt.
Der Großvater der Großmutter ging nach Amerika und da war er nun und beim Lesen all der Briefe die er seinen Brüdern schrieb und die sie ihm schrieben erwähnte er nie etwas außer dem Wetter und Geld und sie schrieben immer über das Wetter und Geld und die Familie in ihrer Beziehung hierzu und dazu das heißt zum Wetter und Geld und zu

einander als ob sie etwas miteinander und mit Geld und Wetter zu tun hätten.
Genau das tun sie wirklich.
Die Zeitungen sprechen von Ereignissen aber was haben Ereignisse zu tun mit irgend etwas nichts nichts ich sage Ihnen nichts Ereignisse haben nichts zu tun mit irgend etwas nichts, die Familie des Großvaters und der Großmutter waren nicht interessiert an Ereignissen weil sie nichts von ihnen wußten und deshalb redeten sie über das Wetter und Geld und jetzt weiß jeder Bescheid über die Ereignisse aber wirklich spricht niemand davon man ist noch immer nur interessiert am Wetter und Geld.
Bestimmt so ist es.
Und warum nicht. Natürlich gibt es kein warum nicht.
Und das ist das eine.
Das andere sind all die Jahre und jetzt sind es bereits sehr viele Jahre seit der erste wirkliche Autor schrieb was er zu sagen hatte, China oder Juden oder Griechen oder irgend jemand sonst von den Wer-gehört-Wem, nun wer oder was und warum gerade das jetzt ist es schon in Ordnung wenn man das liest, jetzt und was ist das schon, was sie geschrieben haben das haben sie geschrieben und jeder kann alles lesen was jeder geschrieben hat.
Verstehen Sie daß das heißt daß Ereignisse nichts mit dem Geist des Menschen zu tun haben auch die menschliche Natur hat gar nichts zu tun mit dem Geist des Menschen.
Ich wünschte das sei jedem so klar wie es mir ist auch wenn es mir nicht klar ist.
Nein sie ist nicht eifersüchtig ihr ist die Notwendigkeit klar hier zu sein das ist wahr.
O ja o ja.
Regen Sie sich nicht auf über Federn und Ziegen.
Wenn man das sagt hat es etwas zu tun mit dem Geist des Menschen aber nichts mit menschlicher Natur.
Wie leicht ist es nicht erfreulich über die menschliche Natur Bescheid wissen zu müssen.

Aber über den Geist des Menschen der Geist des Menschen ist erfreulich er ist nur erfreulich und deshalb schreibt man.
Wer schreibt.
Der Geist des Menschen schreibt.
Was schreibt der menschliche Geist.
Der Geist des Menschen schreibt was er ist.
Die menschliche Natur kann nicht schreiben was sie ist weil menschliche Natur nicht schreiben kann.
Der Geist des Menschen kann schreiben was er ist weil das was er ist alles ist was er ist und da er alles ist was er ist ist alles was er tun kann Schreiben.
Ja das ist richtig.
Natürlich ist es richtig weil und weil und weil deshalb jeder nach wie vor fähig sein kann alles zu lesen was geschrieben ist genauso natürlich wie wenn es gerade geschrieben wird oder schon geschrieben worden ist. Wenn nicht warum nicht.
Das hat nichts Überraschendes. Es überrascht nicht daß Geschriebenes gelesen werden kann.
Nichts Überraschendes dabei und doch sagt das nicht jeder daß das was jeder nach wie vor liest nur das ist was kein Ereignis ist, oh nein, weil niemand das schreibt. Man schreibt über Wetter und Geld, und Wetter und Geld haben nichts zu tun mit Ereignissen oder menschlicher Natur, sie müssen die Symbole des menschlichen Geistes sein und der Geist des Menschen ist was er ist und das schreibt er.
Niemand braucht irgendwelche Zweifel haben daß es keine Beziehung gibt zwischen der menschlichen Natur und dem Geist des Menschen.
Es gibt keine.

Kapitel III

Genau wie ein Spiel.
Mädchen winden sich Locken.
Eine Großmutter verwendet Servietten um ein Kleid zu machen.

Noch ein Spiel.

Aber, das Aber ist dort wo man sie nicht mehr betrüben kann.
Es ist seltsam daß man wenn man mit einer ganzen Familie bekannt ist nicht mehr an alle denken kann.

Noch ein Spiel

Was irgend jemandem geschieht macht nichts wenn das was allen geschieht nichts macht.
Programm. Sie hatte eine Verabredung mit ihm was nicht ausreichte.
Daß Mädchen kommen. Es nützt nichts daß Mädchen kommen.
Daß ein Mann kommt. Ja es nützt sehr viel daß ein Mann kommt aber wird er überhaupt kommen wenn er kommt wird er hierher kommen.
Später wenn ein anderer Mann kommt.
Wie gefällt es Ihnen wenn er kommt und so aussieht. Gar nicht später. Nun ja jeder kommt er kommt prompt und wenn es ihm gefällt wird er wiederkommen.
Nach und nach. Nach und nach ist sehr günstig teils das was er nimmt und was er bestimmt und fast auch teils das wovon er nicht hofft daß es nicht genügt nicht zu tun genügt nachdem er es tut.
Was mochten sie. Sie mochten teils mochten alles was sie sehr nötig brauchten.
Es gibt keinen Grund nicht an den Geist des Menschen zu glauben.

TEIL IV

Das Problem der Identität.
Ein Spiel

Ich bin ich weil mein kleiner Hund mich kennt.
Wer ist er.
Kein wer ist er.
Sag es mit Tränen, kein wer ist er.
Ich bin ich, sicherlich?
Hier also.
Ich bin ich wo.

Akt I Szene III

Ich bin ich weil mein kleiner Hund mich kennt.

Akt I Szene I

Nun ja so spielt' ich das Spiel geradeso.
Aber nicht ganz und gar nicht wie eins eins ist.

Akt I Szene I

Wer ist da was für einer ich bin ich oder sonst wer.
Wer ist einer und einer oder eins ist eins.
Ich mag ein Schauspiel so und so.
Leho Leho.
Leho ist ein Name eines Bretonen.
Aber wir wir in Amerika werden nicht verdrängt von einem Hund o nein nein ganz und gar nicht ganz und gar nicht gar nicht verdrängt von einem Hund.

Szene I

Ein Ball bringt den Hund in Atemnot weil es ein Ball ist der jeden in Atemnot bringt.
Er erinnert sich gerne freundlich daran daß das von keinerlei Interesse ist.

Teil I Szene I

Er hat vergessen daß der Ball ihn in Atemnot gebracht hat nein nicht vergessen weil dieser der gleiche ist nicht der der irgend jemanden in Atemnot bringen kann.

Szene I Akt I

Ich bin ich weil mein kleiner Hund mich kennt, aber vielleicht doch nicht und wenn dann wäre ich nicht ich. O nein o nein.

Akt I Szene I

Diesmal ist ein Hund von sich aus in Atemnot geraten nur gleicht die Atemnot einem Niesen, und das ist lästig.
Ist ein Hund jung so scheint es ein sehr intelligenter zu sein.
Aber später nun ja später ist der Hund älter.
Tränen treten mir in die Augen aber nicht durch Blinzeln.
Und der Hund streift also herum er kennt den den er kennt aber macht das irgendeinen Unterschied.
Ein Spiel ist genau das.
Hier ist das Spiel.

Spiel I Akt I

Wie ist man was man ist.
Das hat etwas mit der menschlichen Natur zu tun.
Chor. Aber die menschliche Natur wird vernachlässigt.
Ja natürlich die menschliche Natur wird vernachlässigt so vernachlässigt wie jeder.
Chor Und der Geist des Menschen.
Chor Und der Geist des Menschen.
Niemandem wird gesagt sich abschließen.
Niemandem wird gesagt sich abzuschließen von dem was der Geist des Menschen ist.
Und noch so schlußendlich.
Chor Es gibt kein rechts noch links ohne Erinnern.

Und Erinnern.
Man sagt es gibt kein rechts und links ohne Erinnern.
Chor Aber es gibt kein Erinnern im Geist des Menschen.
Tränen. Es gibt keinen Chor im Geist des Menschen.
Das Land ist flach von oben und wenn man wandert.
Chor Es gibt flaches Land und Wetter und Geld für den Geist des Menschen.
Und daher sind noch Tränen übrig.
Und daher ist Verkaufen und Verkaufen und Verkaufen nicht gleich Geld.
Aber Geld.
Ja Geld.
Geld hat etwas zu tun mit dem Geist des Menschen.
Niemand der einen Hund hat vergißt ihn. Man läßt ihn vielleicht allein. O ja man läßt ihn vielleicht allein.
Und dann.
Vielleicht und dann.
Wenn ich ich bin dann kennt mich mein kleiner Hund.
Der Hund horcht auf während man Essen zubereitet.
Essen könnte mit dem Geist des Menschen zusammenhängen tut es aber nicht.

Szene II

Und wie gefällt einem was man ist.
Und wie ist man was man ist.
Und hat das etwas zu tun mit dem Geist des Menschen.
Chor Und hat das etwas zu tun mit dem Geist des Menschen.
Chor Und ist die menschliche Natur gar nicht interessant.

Szene II

Versteht man etwas besser dadurch daß man weiß wo es ist oder nicht.
Chor Oder nicht.

Chor Nein nicht denn um zu wissen wo man ist muß man sich erinnern.

Chor Ja nicht.

Chor. Natürlich ja nicht.

Chor Daher kann natürlich niemand an der menschlichen Natur interessiert sein.

Chor Niemand.

Chor. Niemand ist an der menschlichen Natur interessiert.

Chor. Nicht einmal ein Hund.

Chor. Es hat nichts damit zu tun die menschliche Natur hat nichts zu tun mit irgend etwas.

Chor Nein nicht mit einem Hund.

Tränen. Nein nicht mit einem Hund.

Chor. Ich bin ich weil mein kleiner Hund mich kennt.

Chor. Das sagt noch gar nichts über einen aus es sagt nur etwas über den Hund aus.

Tränen. Ja ich habe es Ihnen doch gesagt die menschliche Natur ist gar nicht interessant.

Szene III

Und der Geist des Menschen.

Chor Und der Geist des Menschen.

Tränen. Und der Geist des Menschen.

Chor Ja und der menschliche Geist.

Natürlich der menschliche Geist.

Hat das etwas damit zu tun daß ich ich bin weil mein kleiner Hund mich kennt.

Hat das etwas damit zu tun wie ein Land aussieht.

Szene III

Hunde und Vögel und ein Chor und ein flaches Land.

Wie gefällt einem was man ist. Der Vogel weiß es, die Hunde wissen es und der Chor ja der Chor schon der Chor aber nur wenn es der Chor ist welcher der Chor.

Das flache Land ist nicht der Chor.

Die menschliche Natur ist nicht der Chor.
Der Geist des Menschen ist nicht der Chor.
Schweiß ist nicht der Chor.
Tränen sind nicht der Chor.
Nahrung ist nicht der Chor.
Geld ist nicht der Chor.
Was ist der Chor.
Chor. Was ist der Chor.
Immerhin es gibt das Problem der Identität.
Und das hat auch etwas mit dem Hund zu tun.
Ist der Hund der Chor.
Chor. Nein der Hund ist nicht der Chor.

Szene II

Jede Szene kann Szene zwei sein.
Chor. Und Akt II
Nein jeder Akt kann Akt eins und zwei sein.

Szene II

Ich bin ich weil mein kleiner Hund mich kennt, auch wenn der kleine Hund ein großer ist, und doch werde ich nicht wirklich ich dadurch daß der kleine Hund mich kennt nein nicht wirklich weil Ich-Sein und ich bin ich schließlich wirklich nichts damit zu tun hat daß der kleine Hund mich kennt, er ist mein Publikum, aber ein Publikum beweist einem nie daß man sich selbst ist rundum.

Akt III

Keiner der mich kennt kennt mich.
Und ich bin ich denn ich.
Und macht ein kleiner Hund der Lärm macht den gleichen Lärm wie ein Vogel.
Ich habe mich nicht geirrt.
Chor. Mancherlei Dinge nicht und mancherlei Dinge doch.

Szene I

Ich bin ich ja mein Herr ich bin ich.
Ich bin ich ja gnädige Frau bin ich denn ich.
Wenn ich ich bin bin ich dann ich.
Und jeder kleine Hund ist nicht das gleiche wie ich denn ich bin ich.
Chor. Oder ist er es.
Mit Tränen in den Augen oh ist er es.
Und hier haben wir nun die ganze Sache.
Bin ich ich.
Und wenn ich ich bin weil mein kleiner Hund mich kennt bin ich dann ich.
Ja mein Herr bin ich ich.
Ja gnädige Frau oder bin ich ich.
Der Hund antwortet ohne Frage weil der Hund die Antwort auf alles ist das heißt dieser Hund. Aber ich nicht. Ohne Tränen ich nicht.

Akt I Szene I

Die Notwendigkeit zu enden ist nicht die Notwendigkeit zu beginnen.
Wie fein das gesagt ist.

Szene II

So ziemlich wie alles gesagt ist.

Szene III

Das Ende von einem Spiel ist lang noch kein Tagesende und Ziel.

Szene IV

Nach der Darbietung.

TEIL IV

Ich wünschte sehr ernsthaft wäre ich ich acht als Publikum zu haben.
Haben Sie etwas gegen acht.
Was ist die Beziehung zwischen der menschlichen Natur und dem Geist des Menschen.
Hat sie irgend etwas mit irgendeiner Zahl zu tun.
Das was wichtig ist an Zahlen und richtig ist daß jede von ihnen einen hübschen Namen hat.
Deshalb benutzt man sie beim Glücksspiel bei Lottospielen bei Theaterspielen beim Spielen in Szenen und überall.
Zahlen haben einen so hübschen Namen.
Es können einem Freudentränen in die Augen steigen wenn man an eine Zahl denkt acht oder fünf oder eins oder siebenundzwanzig, oder dreiundsechzig oder siebzehn sechzehn oder achtzehn oder dreiundsiebzig oder überhaupt jede beliebige oder sehr lange Zahlen, Zahlen haben so hübsche Namen in jeder Sprache Zahlen haben so hübsche Namen.
Freudentränen Zahlen haben so hübsche Namen.
Sie haben etwas zu tun mit Geld und mit Bäumen und mit Flachland, nicht mit Bergen oder Seen, doch mit Grashalmen, nicht viel nur ein wenig aber nicht viel mit Blumen einige etwas mit Vögeln nicht viel mit Hunden, ziemlich viel mit Ochsen und mit Kühen und Schafen ein wenig mit Schafen und somit haben Zahlen irgend etwas mit dem Geist des Menschen zu tun. Sie haben nichts zu tun mit Hunden und der menschlichen Natur aber haben sie irgend etwas zu tun mit dem Geist des Menschen, sie sollten etwas mit dem Geist des Menschen zu tun haben weil sie so hübsch sind und Freudentränen hervorbringen können, aber Tränen haben nichts mit dem Geist des Menschen zu tun nicht einmal Freudentränen obwohl sie alle so tun mögen so tun und so sein.
Freudentränen haben nichts mit dem Geist des Menschen zu tun.

Kapitel II

Schließlich und endlich was ist der Geist des Menschen.
Das ist eine sehr einfache Geschichte.
Der Geist des Menschen ist der Geist der schreibt was jeder Geist des Menschen Jahre danach oder Jahre zuvor lesen kann, tausend Jahre oder keine Jahre das bleibt sich gleich.
Die menschliche Natur nun die menschliche Natur ist genau das gleiche wie jede tierische Natur und hat deshalb mit dem Geist des Menschen nichts zu tun. Jedes Tier kann sprechen jedes Tier kann sein aber nicht jedes Tier kann schreiben.
Deshalb und insofern hat der Geist des Menschen keine Beziehung zur menschlichen Natur.
Und Schreiben das heißt der Geist des Menschen besteht nicht aus Mitteilungen oder aus Ereignissen er besteht nur aus dem Niederschreiben dessen was schon geschrieben ist und hat deswegen keine Beziehung zur menschlichen Natur.
Ereignisse sind verbunden mit der menschlichen Natur aber sie sind nicht verbunden mit dem Geist des Menschen und deshalb muß alles Schreiben das mit Ereignissen zu tun hat von neuem geschrieben werden, aber das Schreiben das mit dem Schreiben zu tun hat muß nicht noch mal geschrieben werden, noch mal heißt in diesem Sinne soviel wie von neuem.
Und deshalb hat der Geist des Menschen keine Beziehung zur menschlichen Natur. Und daher und einmal mehr ist es schon ein fix und fertiges Spiel wenn man so ein Spiel daraus macht daß es keine Beziehung zwischen der menschlichen Natur und dem Geist des Menschen gibt.

Ein Spiel.

Man sagt daß nur Menschen Spiele spielen wie man auch sagt daß nur Menschen Tränen in den Augen haben aber das stimmt nicht, Hunde haben Tränen Hunde spielen, sie strecken die Zunge heraus sie wenden den Kopf ab wenn sie sich verletzt fühlen und also gibt es keine Beziehung zwischen der menschlichen Natur und dem Geist des Menschen.

Und das Land.

Und jedes Land.

Das Land hat etwas zu tun mit dem Geist des Menschen aber nichts zu tun mit der menschlichen Natur.

Die menschliche Natur ist tierische Natur aber der Geist des Menschen der menschliche Geist nicht.

Wenn er es wäre dann wäre das Schreiben das bis heute geschrieben worden ist kein Schreiben das jedweder menschliche Geist lesen kann, er hat wirklich weder Gedächtnis noch irgendein Vergessen.

Denken Sie an die Bibel und Homer denken Sie an Shakespeare und denken Sie an mich.

Hier gibt es kein Erinnern und es gibt kein Vergessen weil Gedächtnis mit menschlicher Natur zu tun hat und nicht mit dem menschlichen Geist.

Jeder sagt nein wenn ich das sage, allein, sage ich es so sagt schließlich keiner mehr nein.

Ein Stück darüber daß schließlich keiner mehr nein sagt wenn jemand wie ich es so sagt.

Akt I Szene I

Ich selbst. Ein Hund leidet sehr unter der Hitze.

Szene II

Aufwachen ist nicht das gleiche wie Schlafen und hat etwa eines von beiden irgend etwas mit dem Geist des Menschen zu tun.

Akt I Szene I

All dies kann wenn es so ist es kann wenn es so ist nicht gleich einen Kriminalroman oder sonst etwas ergeben.

Wie geht's denn euch allen im Leben grad eben. Sehr gut besten Dank.

Akt I

Wenn die Welt klein ist wie klein ist sie.
Wenn die Welt groß ist wie groß ist sie.
Aber wenn jeder weiß was jeder tut ist sie klein und groß zugleich.
Und jetzt aufgepaßt alle aufgepaßt.
Alle können aufpassen und wenn alle tot sind macht das auch nichts weil noch so viele andere da sind und alle aufpassen können.
Das nun ist Teil eins.

Teil eins.

Alle können aufpassen und es macht nichts auch wenn alle tot sind weil es gleichwohl immer die gleichen sind die gleichwohl alle aufpassen können.
Aber keiner tut das.
Keiner paßt auf weil jeder aufpassen kann und nun aufgepaßt. Passen Sie auf. Was ist denn das. Und schon paßt man auf, darauf.
Nachdem alle darauf aufpassen kann keiner darauf aufpassen.
Nicht so sehr wie vorher.
Und hinterher zum Vorher.
Nun hinterher zum Vorher kann jeder wieder mehr aufpassen.
Also wieder ein Spiel.
Aber was ist ein Spiel.
Wenn keine Tränen vorkommen was ist dann ein Spiel.
Und wenn Tränen vorkommen.
Wo ist dann das Spiel.
Welcher, welche, welches und mehr oder weniger als haben nichts zu tun als brav aufzupassen was jeder kann.
Also hört mir mal zu.
Ich weine beinahe.
Hört mir zu.

Was ist die Beziehung zwischen der menschlichen Natur und dem Geist des Menschen.
Nun ja es gibt da zwei Dinge die jeder wissen kann.
Sehr viele Menschen passen auf und hören zu und sehr viele Menschen schreiben.
Und das mag so bleiben.
Aber wo wird am Ende alles sein eines Tags ist die Welt so klein.
Wo wird alles sein wo ist sie die Welt eines Tags wird sie klein.
Rundherum und herum und die Welt ist klein.
Sie klagt und kann die Welt denn so werden so klein.
Ja oder nein.
Schließlich hat ein Gebet nichts zu tun mit dem worum ich mich sorge.
Ich kann so oft wiederbeginnen daß ich wieder beginnen kann.
Wenn es nicht möglich wäre wieder zu beginnen würde dann irgend jemand aufpassen.
O ja natürlich nein ja natürlich.
Und jetzt bin ich wirklich drauf und dran nicht wirklich aber wahrhaftig ja wirklich und wahrhaftig ja ich bin drauf und dran wieder zu beginnen.
Und wird irgend jemand wiederbeginnen. Nein ja keiner.
Und so schreiben sehr wenige weil und wenn, schreiben und wiederbeginnen.
Warum gibt es immer einen Anfang und eine Mitte und ein Ende.
Weil es ganz richtig ist daß niemand schreiben kann.

Teil II

Dieses ganze Buch ist drauf und dran eine Detektivgeschichte zu werden darüber wie man schreibt.
Ein Spiel über die Beziehung zwischen der menschlichen Natur und dem Geist des Menschen.
Und ein Gedicht darüber wie man wiederbeginnt.

Und eine Beschreibung darüber wie die Erde aussieht wenn man sie ansieht was vielleicht ein Spiel sein mag falls man es schreiben kann in einem Tag und vielleicht eine Detektivgeschichte falls man das entdecken kann.
Alles ist eine Detektivgeschichte falls man etwas entdecken kann und kann man irgend etwas entdecken.
Ja.
Der Geist des Menschen kann nicht entdecken aber er ist darinnen ist innen er ist nicht draußen.
Wenn der Geist des Menschen innen ist ist er nicht außen.
Nun in der ersten Detektivgeschichte fällt der Geist des Menschen nicht ins Gewicht.
Nein. Nr. eins. Eine Detektivgeschichte.
Detektivgeschichte Nummer eins.
Erinnern Sie sich nein Sie haben wahrscheinlich diesen Teil nicht gelesen ich erinnere mich weil es wahr ist nicht weil ich es vorher gesagt habe sondern weil es so ist wenn es so ist.
Und also ist es nie notwendig etwas wieder zu sagen als Erinnerung aber es wird immer wieder gesagt weil es jederzeit wenn es so ist eben so ist.
Das ist der Unterschied zwischen schreiben und aufpassen.
Wenn man schreibt ist es so wenn man aufpaßt ist es nicht so weil es wenn man aufpaßt natürlich nicht so ist und wenn man spricht nun wenn man spricht ist es natürlich nicht so jeder weiß daß es nicht so ist daß es wenn man spricht nicht so ist.
Und deshalb gibt es starke schweigende Männer.
Wenn nicht warum nicht.
Doch weiß jedenfalls jeder irgendwo das was man sagt das ist nicht so.
Also was ist so.
Alles ist so was sowieso so ist und das genau macht Detektivgeschichten faszinierend daß es so sein würde wenn es so wäre.
Ich bin drauf und dran eine zu schreiben.

Aufgepaßt Detektivgeschichte Nummer I.
Wenn es so ist ist es dann so.
Oder wenn es nicht so ist ist es dann nicht so.
Aber wenn einer es so sagt wenn irgend jemand es so sagt ist dann alles so.
Und wenn niemand es so sagt ist es dann so.
Ist es so wenn man schreibt. Ja es ist so wenn man schreibt denn wenn man schreibt wie könnte man dann schreiben wenn schreiben nicht gelernt worden wäre. Und da es also gelernt wurde da schreiben gelernt wurde ist es so wenn es geschrieben ist.
Nun zum Sprechen nun ja Sprechen ist nicht gelernt worden also ist einer der spricht einer der spricht und einer der spricht hat nichts damit zu tun daß es so ist.
Wie gefällt Ihnen eine Detektivgeschichte wenn keiner tot ist oder nicht tot.
Sie gefällt einem sehr gut wenn sie geschrieben ist aber wenn sie nicht geschrieben ist wenn sie nicht geschrieben ist dann ist jeder tot.
Natürlich ist irgendwann jeder mal tot aber was hat das mit Schreiben zu tun. Überhaupt nichts. Aber mit Sprechen, es hat alles mögliche zu tun mit Sprechen. Sie sehen also daß Sprechen nichts mit irgend etwas zu tun hat das so ist weil jeder eines Tages tot sein kann und was nützt es also zu sagen daß Sprechen irgend etwas zu tun hat mit irgend etwas das so ist.
Wie gern ich doch Nummern habe diese rätselhafte Detektivgeschichte Nummer eins.
Detektivgeschichte Nummer I. Darüber wie es einen menschlichen Geist gibt.
Und wie man ihn aufdeckt.
Detektivgeschichte Nummer I.
Die Hauptsache die man in einer Detektivgeschichte aufdekken muß ist ob man sie so geschrieben hat wie man sie hat sagen hören. Schreibt man sie so wie man sie hat sagen hören dann muß man sie ändern.

Angenommen man hat als Titel Hub Murphy oder der kleine Baumeister.
Jetzt angenommen sie sagt setzen Sie das Oder nicht dazwischen dann versuchen Sie das Oder nicht dazwischenzusetzen.
Gelingt es Ihnen oder nicht das Oder nicht dazwischenzusetzen.
Und wenn ja warum und wenn nicht warum nicht.
Der Grund warum hat nichts mit einer Detektivgeschichte zu tun. Man nennt es ein Motiv aber ein Motiv ist kein Grund warum. Ein Motiv ist das was einen veranlaßt es zu tun. Aber was einen veranlaßt es zu tun ist nicht der Grund warum man es tut.
Nun gilt dies nicht nur für Detektivgeschichten sondern auch für Geographie und Regierung.
Was einen veranlaßt etwas zu tun ist nicht der Grund warum man es tut.
Nun aufgepaßt hören Sie mal einen Moment zu.
Wenn man über Salt Lake City fliegt ist es genauso wie Fliegen über den Meeresgrund ohne Wasser im Meer.
Das Wasser ist nicht darin, gibt es denn irgendeinen Grund warum das Wasser darin sein sollte. Irgendwann ist das Wasser darin gewesen aber jetzt da das Wasser nicht darin ist ist es vielleicht leichter nicht zu fliegen und doch zu sehen was man sieht wenn man fliegt.
Nun ist der Grund warum das Wasser nicht da ist eine Sache aber daß das Wasser jetzt nicht da ist eine andere.
Nun angenommen das sei eine Detektivgeschichte.
Ja es ist schon erstaunlich eine Taube zu sehen wo man nie erwartet hätte eine zu sehen.
Nicht weil eine Taube dort nicht sein könnte, nicht einmal weil nie eine Taube dort gewesen wäre sondern weil man nie hätte erwarten können dort eine Taube zu sehen.
Selbst der Wind könnte die Taube nicht wegblasen wenn er mal tatsächlich genau dort wäre wo die Taube ist.
Dann fällt die Taube aber fast herunter weil plötzlich eine

andere Taube da ist und die Taube es nicht für möglich gehalten hätte daß eine andere Taube da ist.
Vielleicht ist auch noch eine andere Taube da aber die kann man nicht sehen selbst wenn sie da ist und die erste Taube dreht ihr ohnehin den Rücken zu so daß sie die beiden oder die andere nicht sehen kann und dann überlegt sie es sich anders und wendet sich ihnen zu.
Vielleicht werden von nun an immer Tauben hierherkommen. Sehr wahrscheinlich weil ja jeder herkommen kann.
Nochmals also wenn nie wieder keine Tauben da sind kann nie wieder niemals eine Taube da sein.
Detektivgeschichte nein Nr. 2.
Angenommen man weiß genau was geschehen ist ändert sich dann etwas wenn man es erzählt.
Was ist der Unterschied zwischen es schreiben und es erzählen. Es gibt einen Unterschied man kann es erzählen während man es schreibt aber man kann es auch erzählen und nicht schreiben. Es gibt einen Unterschied und die nächste Detektivgeschichte soll diesen Unterschied aufdecken.
Wenn die Taube wiederkommen kann und wiedergekommen ist dann kann sie jemanden überraschen aber mich kann sie nicht überraschen.
Eine Taube an sich ist wenn überhaupt etwas so eine Überraschung wie da sein ein Interessiertsein an allem Überraschenden sein kann.
Man stelle sich vor wie schwerfällig eine Taube fliegt und landet und wenn sie nun da ist stellt sie sich wahrscheinlich vor daß der Wind sie wegblasen kann. Der Wind bläst aber bläst er als eine Überraschung oder sonst etwas für sie. Hat sie ein Motiv da zu sein und wenn sie schon mal da gewesen ist wird sie dann wieder herkommen.
Sie kommt wirklich wieder her und das hat keinen Zusammenhang mit dem wehenden Wind und es gibt kein Motiv für das Herkommen.
Was tut also die menschliche Natur.
Sie tut ebendas weil sie es tut und nachdem sie es schon mal

getan hat, nicht weil sie es schon mal getan hat tut sie es sie tut es weil sie wieder da ist.

Da sind sie wieder.

Die drei Tauben sind wieder da. Es gibt keinen Grund dafür.

Aber wenn man das anschaut muß man es malen, die Taube ist wieder da und wendet den zwei anderen Tauben die unter ihr sind gerade den Rücken zu. Man kann nur von der Seite her sehen wo man alles sieht man kann nur die zwei Köpfe der andern zwei Tauben sehen und jetzt sind es drei. Das macht im ganzen vier.

Das zeigt warum Zahlen wirklich etwas mit dem Geist des Menschen zu tun haben. Daß das hier Tauben sind hat nichts damit zu tun wohl aber daß eine da war und daß dann drei da waren und daß es dann vier sind und daß es dann vielleicht nicht aufhört von Bedeutung zu sein welche Zahl auf eine andere folgt aber für den Geist des Menschen muß es ja von Bedeutung sein daß jede Zahl eine Zahl jede Nummer eine Nummer ist.

Also dann Detektivgeschichte Nummer III.

Also dann wenn schon dann könnte man vielleicht annehmen daß wenn Zahlen etwas bedeuten eine Erinnerung da sein muß. Aber keineswegs die Zahl der hier vorhandenen Tauben ist interessant wie eine auf die andere folgt auch wenn manchmal die eine die folgt zwei oder drei ist, aber man muß sich nicht an die eine erinnern um zu wissen daß zwei da sind und drei und ganz plötzlich vier.

Im Augenblick wo man sich an die eine erinnert will man sie nicht anschauen wo alle Tauben eine sind und dann zwei und dann plötzlich vier alles was plötzlich geschieht ist nicht erinnern. Nun bedenken Sie mal wie eine Detektivgeschichte geschrieben werden muß.

Die Hauptsache ist der tote Mann oder wenn nicht eine tote Frau.

Keine Detektivgeschichte kann sehr oft ein totes Kind oder eine lebende Taube haben weil still und leise alles was

begonnen hat schon begonnen hat auf seine Weise, und alles was gerade beendet wird begonnen hat.
Meistens wird beim Aufdecken alles was beendet wird begonnen.
Und deshalb hat man lieber keine toten Kinder.
Jede Detektivgeschichte kann jederzeit erzählt werden. Und da man dies weiß weiß man das.
Detektivgeschichte Nummer VII
Tauben kommen zu Gesellschaften und wenn sie kommen gibt es keinen Grund dafür daß sie kommen es sei denn es ist das erste Mal daß sie kommen. Sind sie schon mal gekommen dann kommen sie so oft wie sie eben kommen und wenn es nicht behaglich ist dann fühlen sie sich unbehaglich. Unbehaglich wie das ist ist es so unbehaglich wie es eben ist und außerdem gibt es keinen Grund weshalb sie nicht kommen. Jeden Augenblick kann ein Adler fliegen. Nun, mit irgendeinem Himmel hat das nichts zu tun. Einen Moment bitte.
So also kann eine Detektivgeschichte geschrieben werden.
Ich schreibe und lese gern.
Wenn es keinen Regen gegeben hat ist der Himmel sehr schön. Jeder in Amerika kann das wissen und gern haben wenn es Wärme hervorbringt.
Tauben haben nichts damit zu tun es hat nichts zu tun mit ein paar Tauben. Ein- und ausfliegende Schwalben haben nichts zu tun mit irgendeiner Taube, die in einem Zimmer ein- und ausfliegt. Und deshalb gibt es so etwas wie die menschliche Natur nicht.
Warum es so etwas wie die menschliche Natur nicht gibt das kommt daher weil jeder Schwalben und eine Taube beobachten kann.
Es gibt Blau und Grün und Grün und Gelb Hellgelb und Blau, es gibt Hellgelb und Grün und Blau und Wärme und es gibt weit und breit nicht so etwas wie die menschliche Natur.
Bitte sehen Sie meinen menschlichen Geist.

Er ist hier.
Ist Weiß eine Farbe.
Ja Weiß und Grau ist eine Farbe.
Grau und Weiß ist eine Farbe.
Es ist jetzt zu einer Gewißheit geworden daß es irgend etwas wie menschliche Natur nicht gibt.
Natürlich gibt es so etwas wie menschliche Natur und jeder kann das beobachten.
Die Beziehung zwischen der menschlichen Natur und dem Geist des Menschen.
Wenn jeder etwas so gern hat wie man es immer gern gehabt hat ehe man es so gern hat.
Die Detektivgeschichte vom etwas so Gernhaben wie man es vorher schon immer gerngehabt hatte.
Man hatte es so gern wie man es vorher schon immer gerngehabt hatte weil es heiß war und man hatte es gern daß es so war nämlich heiß.
Man hatte es so gern wie man es vorher schon immer gerngehabt hatte weil der Wind blies und er die Vögel umherblies und sie hatten es gern sie hatten es genauso gern wenn der Wind das tat.
Wie aber kann man herausfinden daß sie es genauso gern hatten wie sie es vorher schon immer gerngehabt hatten.
Dies ist der Moment da man begreift daß sie begriffen haben: um bleiben zu können wo man sie hingesetzt hatte stießen sie alle weg die womöglich bleiben wollten aber keine ist hingesetzt worden wo sie standen.
Und warum auch sollten Tauben kommen um zu bleiben da nichts das kommt weggehen kann da ja niemand etwas hat das gekommen ist um wegzugehen. Und Fortschritt ist genau das, er ist gekommen um wegzugehen und da sind wir nun und es ist so heiß und der Wind bläst lieblich und, und jeder der sah daß der Hund hereinkam als man es ihm befahl sagte was haben Sie gesagt.
Daraus entsteht eine Detektivgeschichte was hätten Sie gesagt wenn ich nicht gewartet hätte um zu hören was Sie

gesagt haben ich hätte vielleicht gesagt heute ist es aber windig. Und daher ist eine Detektivgeschichte sobald man weiß was was ist etwas was keine Detektivgeschichte ist. So etwas wie Verbrechen und Propaganda gibt es nicht weil niemand den Unterschied kennt zwischen Was haben Sie gesagt und dem was Sie gesagt haben.
Was ist was.
Nun gut ich denke daß ich denke denke nicht was ich nicht denke warum ich nicht denke warum gerade dies das ist.
Es gibt kein Verbrechen, es gibt die Hoffnung daß die Tochter des Paares nicht gebissen werden könnte und aus diesem Grund sind sie das Paar sehr vorsichtig.
Und doch könnte sie es vielleicht nicht sein.
Schließlich wird sie manchmal nicht älter sein.
Nicht für das Auge oder das Ohr aber für die Umstände.
Und deshalb verschwinden sie eilig nicht eilig sondern langsam wenn sie nicht länger bleiben müssen.
Das genau ist der Unterschied zwischen Verbrechen und Nicht-Verbrechen und es gibt kein Verbrechen ohne Verbrechen. Wer weiß was.
Ich möchte es lieber nicht wissen aber da ich es weiß möchte ich wirklich lieber nicht wissen was sie tun aber ich möchte doch wissen was sie tun aber wenn ich es weiß tun sie nicht das was ich wissen möchte ob sie es tun. Und eine Detektivgeschichte ist also zu Ende weil ich auf das Ende sehe.
Beginnt geschwind und seid bereit den Geist des Menschen zu finden.

Kapitel V

Die Gewohnheit und der Geist des Menschen gibt es so etwas wie Gewohnheit und den menschlichen Geist.
Macht euch nicht lächerlich natürlich gibt es das nicht natürlich gibt es nicht so etwas wie die Gewohnheit des menschlichen Geistes.
Der menschliche Geist falls es der Geist eines Menschen ist

hat nicht einmal die Gewohnheit der Geist des Menschen zu sein nein natürlich nicht.

Detektivgeschichte Nummer 8

Wenn wilde Tiere leben als ob sie wild wären aber gut gehalten und nicht umgebracht werden sind sie dann wild.

Wenn sie weglaufen sobald sie sehen daß sie gesehen werden sind sie dann wild.

Wenn jemand der weiß wo sie sind weiß daß sie da sind sind sie dann wild.

Sehen Sie wieviel das alles zu tun hat mit Kommunismus und Individualismus und Propaganda. Aber hat es etwas zu tun mit dem Geist des Menschen.

Ja es hat folgendes mit dem Geist des Menschen zu tun daß der menschliche Geist ja schreiben kann ja oder nein oder ich nehme an ich nehme an daß nicht oder ich nehme an daß ja.

Der Geist des Menschen kann nicht daran interessiert sein ob das Tier das wild ist nicht wild ist aber er kann daran interessiert sein ja zu sagen.

Amerika wo es jedes Tier gibt das immer dagewesen ist ist man interessiert daran ja zu sagen. Nein oder ja.

Der Geist des Menschen wenn er es auf nein und ja beruhen läßt dieser Geist des Menschen weiß nichts von ruhen denn nein und ja haben nichts zu tun mit irgend etwas außer nein oder ja.

Aber denken Sie, es ist sehr aufregend denken Sie nur wieviel Amerika und ich denke doch Amerika hat etwas zu tun mit dem Geist des Menschen denken Sie nur wieviel Amerika zu tun hat mit dem Ja.

Detektivgeschichte Nummer I

Wird die Welt die rund ist flach sein.

Ja das ist sie.

Als noch ein Meer da war war die Welt rund aber jetzt da Luft da ist ist die Welt flach.

O ja das ist sie.

Es ist so wie eine Detektivgeschichte ist.

Es ist der Geist des Menschen.
Der Geist des Menschen sagt ja so ist es.
In den Jahren als keiner hinsah sagte jeder alles wächst gleichmäßig aber das tut es nie.
Was wenn es so wäre aber es ist nun mal nicht so.
Wenn es so wäre gäbe es keinen menschlichen Geist weil niemand ja sagen könnte wenn alles gleichmäßig wüchse.
Aber es ist nun mal nicht so.
Nun kann jeder aber niemand sollte sich aufregen weil es nun mal nicht so ist.
Aber da niemand außer dem Geist des Menschen weiß daß es nun mal nicht so ist daß es nie gleichmäßig wächst daß es jedes Jahr ein wenig mehr oder ein wenig weniger Regen gibt, daher also wächst es niemals gleichmäßig.
Niemand regt sich auf wenn es so ist wenn es nicht gleichmäßig wächst aber jeder regt sich auf wenn einer bejaht was der Geist des Menschen ist und was das gleiche ist das ja sagt.
Das ist es was Politik und Religion und Propaganda und Kommunismus und Individualismus ausmacht das Ja-Sagen und das ist immer das gleiche und das weil es der Geist des Menschen ist und weil alles was der menschliche Geist tun kann das Ja-Sagen ist. Sehen Sie nun warum es keine Beziehung zwischen der menschlichen Natur und dem Geist des Menschen gibt. Die menschliche Natur kann nicht ja sagen, wie kann die menschliche Natur ja sagen, die menschliche Natur tut was sie tut aber sie kann nicht ja sagen. Natürlich kann die menschliche Natur nicht ja sagen. Wenn sie es könnte wäre sie nicht die menschliche Natur.
Ja sagen ist interessant aber die menschliche Natur zu sein ist nicht interessant es ist genauso wie irgend etwas sein und irgend etwas sein ist nicht interessant sogar wenn man etwas sagen kann denn das einzige was interessant ist ist ja zu sagen. Armes Amerika sagt es nicht ja, verliert es den Geist des Menschen und wird menschliche Natur. O je, ja.

Teil fünfzehn

Vier Dinge die nichts damit zu tun haben.
1. Daß jemand wenn er gewählt wird etwas zu tun obwohl er es nie zuvor getan hat sofort beginnt es zu tun.
Ich sage zu Upton Sinclair was hätten Sie getan wenn Sie gewählt worden wären und er sagte Gottseidank bin ich nicht gewählt worden.
Ich wunderte mich immer wenn ich Buben sah die eben noch Buben gewesen waren und die nun in ein Büro gingen zum Arbeiten und mit einer Hand von Papieren herauskamen und ich sagte zu ihnen wie kommt es daß man euch die ihr nie zuvor etwas mit Papieren zu tun gehabt habt diese Geschäftspapiere überläßt woher wißt ihr was man damit macht. Sie wußten es einfach. Sie wußten was man damit macht.
Und deshalb hat das weder etwas mit der menschlichen Natur noch mit dem Geist des Menschen zu tun.
Es ist leicht einzusehen daß es nichts mit irgend etwas zu tun hat und daß die meisten Dinge nichts gar nichts mit irgend etwas zu tun haben.
Natürlich gibt es eine menschliche Natur, jeder hat sie und alle können davon ausgehen daß sie selbst oder irgendwer sonst eine haben aber es ist wirklich nicht interessant. Nein nicht heute da heute ja jedes heute mehr gestern als heute ist und deswegen nicht interessant.
Wenn ich sage nicht interessant meine ich nicht interessant.
Eine Unterhaltung.
Wenn jeder immer weiterleben könnte dann gäbe es irgendwann keinen Platz für irgendeinen der jetzt Lebenden.
Niemand sagt etwas.
Wenn jeder bestimmen könnte wie unser Wetter wird würde jeder wünschen was er sich wünschte und was käme dabei heraus, nichts käme dabei heraus denn wenn alle alles hätten dann würden alle weiterleben oder niemand würde weiterleben.

Wie sehr einer liebt was er hat kann man bei keinem sagen weder bei Theodore oder Franklin Roosevelt noch bei Napoleon oder Louis Napoleon. Und doch sind sie soweit es dies betrifft gleich.
Es ist eine komische Frage das ob man wenn alle alles hätten wünschen würde daß alle weiterlebten und ob wenn alle weiterlebten es keinen Platz gäbe für irgend jemanden und daher niemand weiterleben würde. Die menschliche Natur hat nicht einmal damit etwas zu tun.
Der Geist des Menschen ja der Geist des Menschen kann ja sagen.
Die menschliche Natur kann dies nicht sagen die menschliche Natur kann nicht ja sagen.
Außerdem.
Waren Theodore und Franklin Roosevelt ebenso wie Napoleon und Louis Napoleon obwohl sie zu dem Land gehörten dem sie angehörten ihm eigentlich fremd.
Das hat weder etwas mit der menschlichen Natur noch mit dem Geist des Menschen zu tun und man könnte sagen daß keiner dieser Vier irgend etwas davon hatte weder irgendeine menschliche Natur noch den Geist irgendeines Menschen.
Sie konnten nicht sein was sie waren das heißt menschliche Natur und sie konnten nicht ja sagen was der Geist des Menschen ist.
Sie alle vier sind interessante Beispiele für das Weder eine menschliche Natur noch den menschlichen Geist Haben.
Theodore und Franklin Roosevelt
Napoleon und Louis Napoleon.
Ich möchte das absolut klar machen weil es so ist ja es ist absolut genau so klar.
Es gibt kein Alter wenn sie ja sagt.
Falls sie ja sagt dann gibt es kein Alter wenn sie ja sagt.
Wie vergnüglich doch eine Puppe ihr Alter wechseln kann.
Aber man weiß ja ich weiß was nützt das schon, wenn ein Junge aufwachsen muß um ein Mann zu sein.

Theodore und Franklin Roosevelt und Napoleon und Louis Napoleon.
Ja in der Tat alles ist da nichts fehlt nichts fehlt um zu zeigen daß es nicht nötig ist nicht zu wissen daß es keine menschliche Natur gibt wo es den Geist des Menschen gibt.
Denken Sie nicht an das Alter.
Ich sage Ihnen denken Sie nicht an das Alter.
Denken Sie nicht ans Vergessen.
Denken Sie nicht dran.
Ich sage Ihnen denken Sie nicht dran.
Sie sagte das Kind sagte also was hast sie gesagt.
Theodore und Franklin Roosevelt und Napoleon und Louis Napoleon haben nie gesagt daß das was sie sagten mehr war als was sie wagten. Sie wußten nichts vom Totsein. Natürlich nicht da sie keine menschliche Natur hatten. Sie haben nichts gesagt von dem was man so sagte nein natürlich nicht weil das was man so sagt nicht gesagt wird und sie hatten keinen menschlichen Geist um aufzuschreiben was man nicht sagte. Nein natürlich nicht.
Also wird dies eine lange Geschichte werden und wir wollen sie spielen als sei es eine Detektivgeschichte nur müßte in einer Detektivgeschichte wie in allen irgend jemand tot umfallen und diese Vier nein diese Vier müßten nicht so lebendig sein wie tot nein nicht nicht so lebendig wie tot.
Also eine Detektivgeschichte und wenn sie nicht tot sein können nun dann gibt es vielleicht ein Verbrechen und gar keiner ist tot. Ja vielleicht kommt dann etwas ins Lot.
Diese Vier und sonst nichts hier nein sie sind nicht tot noch tut es not mehr zu sagen als man sich jetzt schon sagt.
Ich denke besser nicht dran.
I* Theodore Roosevelt. So tot wie nicht tot.
I* Napoleon. Nicht so tot wie tot.

* Im Originaltext ist die Ordnungszahl I identisch mit dem Pronomen I, d. h. »ich«; eine zweite Lesart wäre also möglich: Ich Theodore Roosevelt... Ich Napoleon...

Louis Napoleon	Überhaupt nicht so tot wie man sagt aber tot wie gesagt.
Franklin Roosevelt.	Wie Louis Napoleon oh sehr sehr wie Louis Napoleon. Er hat keine Bindung zu tot und Gebot.

Hören Sie zu während ich mehr konferier über alle drei oder alle vier.
Manchmal sind es alle drei weil die zwei die zwei einander vergessen. Louis Napoleon und Franklin Roosevelt vergessen einander.
Falls sie einander vergessen.
Macht das zwei.
Die andern zwei vergessen einander nicht.
Oder mindestens.
Nein oder mindestens wenn sie tot sind sind sie es nicht nicht deshalb sind sie vielleicht ohne Datum oder Daten.
Sie vergessen einander nicht, sie könnten also eine menschliche Natur haben. Sie könnten aber hatten sie.
Niemals sagten sie was sie schrieben aber sie schrieben nicht.
Da sie nicht schrieben hatten sie keinen menschlichen Geist.
Und sie sahen Land sie sahen Land oh ja sie sahen Land aber wenn es so war, ist es das was sie taten, nein wenn das was so war das ist was sie taten.
Sie sahen das Land das sie nutzen konnten aber sie konnten Land nicht nutzen und da sie Land nicht nutzen konnten konnten sie Land sehen aber da sie Land sahen was für ein Land nun nicht jedes Land denn schließlich ist alles Land Land, das heißt menschlicher Geist und sie hatten keinen menschlichen Geist.
Mindestens nicht überhaupt nicht, sie hatten keinen menschlichen Geist und deshalb gab es keine Beziehung keine Beziehung zwischen ihnen und dem Land und deshalb sind sie nicht tot und deshalb war das was sie sagten alles was sie sagten nicht der menschliche Geist.

Der Geist des Menschen befaßt sich nicht mit dem was gesagt wird.
Er befaßt sich nicht mit dem was geschrieben wird. Und sie schrieben nichts also wurde nichts geschrieben.
Von den Vieren ist keiner da nicht einer von ihnen je existiert hat tot.
Also brauchen sie nicht in Frieden zu ruhen.
Frieden ist sehr wahrscheinlich etwas.
Hat die menschliche Natur irgend etwas mit Frieden zu tun.
Nicht irgend etwas aber etwas.
Und hat der Geist des Menschen irgend etwas mit Frieden zu tun.
Der Geist des Menschen hat etwas zu tun mit ja und ja hat nichts zu tun mit irgend etwas und irgend etwas hat mit Frieden zu tun von Zeit zu Zeit mit Frieden.
Die menschliche Natur hat nur zu tun mit etwas dazwischen und dazwischen ach ja etwas zwischen Schlaf und Frieden ach dazwischen.
Und der Geist des Menschen.

Teil XV

Die einzige Schwierigkeit wenn man irgend etwas tut ist daß irgend etwas tun nichts zu tun ist.
Nichts zu tun und irgend etwas tun ist nicht dasselbe weil entweder das eine oder das andere Nichtstun ist.

Kapitel XVI

Nun bedenken Sie einmal den Sinn. Jeder soll einmal den Sinn des Nichtstuns bedenken und bedenken was die ganze Regierung ist und Propaganda und Geld und Individualismus und Kollektivismus, bedenken was das alles ist ist es Nichtstun.
Nein keineswegs es ist keineswegs nicht Nichtstun.
Sogar Mr. Upton Sinclair kann nicht sagen nein gar nichts.
Aber tut er es.

Ja er tut es.
Er sagt ich sehe ich sehe und jeder kann sehen ich sehe ich sehe.
Da da da.
Es gibt keine Möglichkeit das Nichtstun nicht zu verschweigen.
Keine andere Möglichkeit.
Man vergißt nicht einmal keine Tränen zu haben nicht Mr. Upton Sinclair obwohl wirklich und wahrhaftig obwohl er es nicht vergißt keine Tränen zu haben.
Das ist es was ihn zu Mr. Upton Sinclair macht.
Nun also was ist der Geist des Menschen.
Wenn nicht wenn nicht was ist der Geist des Menschen.

Kapitel eins

Zum Wissen was der Geist des Menschen ist gibt es kein Wissen von was der Geist des Menschen ist weil er ist wie er ist.
Ich könnte etwas über die Geschichte sagen aber obwohl jeder gerne etwas über alles weiß denkt man o ja denkt man daß wenn jemand etwas tut das Geschichte sei.
Gibt es irgendeinen Unterschied zwischen irgend etwas tun und einem Geschehen.
Schnell so schnell wie etwas zu klopfen aufhört gibt es irgendeinen Unterschied zwischen etwas tun und einem Geschehen.
Natürlich.
Schnell natürlich.
Und das sagt alles über die Geschichte.
Mag man sich vorbeugen und zuhören das Klopfen mag aufhören aber trotzdem gibt es einen Unterschied zwischen irgend etwas das einer tut oder nicht tut und irgendeinem Geschehen.
Dies ist das Geheimnis der Geschichte und es ist nicht das Geheimnis menschlicher Natur und des menschlichen Geistes.

Irgendeiner der irgend etwas tut kann etwas mit der menschlichen Natur zu tun haben oder auch nicht aber gewiß ganz gewiß nicht dies hat nichts zu tun mit dem Geist des Menschen weil der menschliche Geist selbstverständlich nie irgend etwas tut warum sollte er, da er keine Beziehung zur menschlichen Natur hat.
Also lassen wir das lieber auf sich beruhen.
Nun hat die Geschichte wirklich gar keine Beziehung zum Geist des Menschen, weil Geschichte der Zustand ist der das was irgend jemand tut mit irgend etwas das geschieht verwechselt.
Verwechseln könnte etwas mit dem menschlichen Geist zu tun haben aber hat es das.
Ich würde lieber nicht wissen als irgend etwas wissen über das Verwechseln dessen was irgend jemand tut mit irgend etwas das geschieht.
So spricht der Historiker.

Kapitel 91

Der Geist des Menschen.
Es gibt keine Beziehung zwischen der menschlichen Natur und dem Geist des Menschen.

Kapitel 2

Was ist die Beziehung zwischen einem Kalender und dem Geist des Menschen oder wenn man sagen möchte sogar einem Almanach.
Ein Almanach hat eine Beziehung zum Geist des Menschen weil er jeden Tag sagt was er ist.
Ein Almanach hat keine Beziehung zur menschlichen Natur weil die menschliche Natur jeden Tag sagt was sie schon war und deswegen kann die menschliche Natur nicht schreiben aber der Geist des Menschen kann.
Er kann nicht nur er tut es auch.

Kapitel III

Das Problem der Identität hat nichts zu tun mit dem Geist des Menschen es hat aber etwas obwohl wirklich eigentlich gar nichts zu tun mit der menschlichen Natur. Jeder Hund hat Identität.

Die alte Frau sagte ich bin ich weil mein kleiner Hund mich kennt, aber der Hund wußte auch er war er weil er genausogut wußte daß er er war wie er wußte daß er sie kannte.

Hunde erkennen gerne was sie kennen selbst wenn sie so tun als täten sie es nicht nicht daß sie es nicht gerne täten sondern daß sie es nicht erkennten.

Nehmen wir mal ein Radrennen das nichts mit einem Hund zu tun hat aber es hat mit Identität zu tun.

Die Leute sind die Leute weil alle die dort sind wissen sie sind sie und auf keinen Fall können sie nicht nicht sein nein nicht solange sie im Rennen sind.

Wenn sie ausscheiden nun dann mag die Identität nicht länger Identität sein. Trotzdem sind sie noch sie nur sind sie es nicht weil sie nicht länger identifiziert werden und wenn sie gar nicht im Rennen gewesen wären nun dann wäre keiner einer.

All dies hat nichts zu tun mit dem Geist des Menschen aber so viel zu tun mit Geschichte und Propaganda und Regierung aber nichts zu tun mit dem Geld und dem Geist des Menschen.

Die menschliche Natur, die menschliche Natur handelt wie sie handelt wenn sie identifiziert wird wenn es eine Identität gibt aber es ist nicht die menschliche Natur die etwas damit zu tun hat es ist das daß irgend jemand da ist wo alle sind, das ist es was mit Identität zu tun hat, mit Regierung mit Propaganda mit Geschichte mit Individualismus und mit Kommunismus aber es hat nichts nichts zu tun mit dem Geist des Menschen.

Jeder kann das verstehen weil der Geist des Menschen schreibt was es gibt und was hat Identität damit zu tun.

Nichts überhaupt nichts.
Und daher kann jeder erkennen daß Identität überhaupt nichts zu tun hat mit dem Geist des Menschen.
Und jetzt da jeder das weiß denke man an Verbrechen die Identität hat nichts zu tun mit Verbrechen, Detektivgeschichten ja aber nicht Verbrechen.
Nun zu wissen was man tut wie man es tut während man es tut hat mit Verbrechen nichts zu tun.

Kapitel IV

Es heißt anfangen fähig zu sein zu erkennen daß Identität nichts mit Verbrechen zu tun hat.
Mit der Detektivgeschichte aber nicht mit Verbrechen.

Kapitel II

Ich bin ich weil mein kleiner Hund mich kennt.
Genau auf diese Weise wird Geschichte geschrieben.
Und deshalb gibt es wirklich kein Schreiben in der Geschichte.
Ich bin ich weil mein kleiner Hund mich kennt.
Ja das ist es was die Geschichte schreibt aber nicht der Geist des Menschen, nein nicht, natürlich nicht, nicht der Geist des Menschen.

Kapitel III

Die Beziehung zwischen Aberglauben und Identität und dem Geist des Menschen.
Bitte denken Sie an den Kuckuck.

Kapitel IV

Es gibt so viel zu sagen über den Kuckuck.
Ich denke ich werde alles sagen.
Ich habe schon immer über den Kuckuck sprechen wollen.

Kapitel III und IV

Vom Kuckuck.
Lang bevor der Kuckuck mir zusang schrieb ich ein Lied und sagte nanu der Kuckucksvogel im Kuckucksbaum singt mir ja zu, oh singt mir zu.
Aber schon lang davor sehr lang davor hatte ich eine Kuckucksuhr im Ohr.
Und inzwischen hatte ich sehr viele Kuckucke gehört die keine Kuckucksuhren waren.
Tatsächlich habe ich seitdem nie mehr einen Kuckuck in einer Kuckucksuhr geseh'n.
Dann hörte ich daß man wenn man einen Kuckuck nicht in einer Uhr sondern einen Kuckuck der ein Vogel ist zum ersten Mal im Frühling kuckuck rufen hört und dabei Geld in der Tasche hat man es das ganze Jahr über haben wird. Ich meine Geld.
Ich glaube immer gern was ich höre.
Das hat etwas mit Aberglauben zu tun und etwas mit Identität zu tun. Gerne zu glauben was man hört.
Hat es etwas mit dem Geist des Menschen zu tun das heißt mit Schreiben.
Nein genaugenommen nicht.
Hat es etwas mit der menschlichen Natur zu tun. Nun ein Hund glaubt gerne was er hören kann.
Man sagt ihm was für ein guter Hund er ist und er glaubt es wirklich gern.
Wenn der Kuckuck kuckuck ruft und man Geld in der Tasche hat und es der erste Kuckuck ist den man in diesem Jahr hört wird man dieses ganze Jahr über Geld haben.
Dies ist mir tatsächlich geschehen also kann man sehen es hat nichts zu tun mit dem Geist des Menschen wenn man glaubt was man sehen kann gerne glaubt was man hört.
Aber es ist mir tatsächlich geschehen da war mal ein Kuckuck ich hab ihn gesehen und er kam und saß nicht im Kuckucksbaum sondern in meiner Nähe wo auch andere

Bäume stehen und er hat kuckuck zu mir gesagt und ich hab viel Geld in der Tasche gehabt und ich hatte viel Geld noch das ganze Jahr über.
Da sehen Sie nun was ein Kuckuck zu tun hat mit Aberglauben und Identität.
Aberglauben ist zu glauben was man sieht zu glauben was man hört und zu sehen was man sieht.
Das macht den Aberglauben klar.
Und irgendwie ja irgendwie hat das nichts zu tun mit der menschlichen Natur oder dem Geist des Menschen.
Der Aberglaube existiert in sich selbst denn er ist so wahr.
Der Geist des Menschen o ja nichtwahr.
Er kümmert sich nicht um nicht wahr sein oder wahr.
Aber der Aberglaube ja der Aberglaube kümmert sich darum ob es wahr ist.
Und die menschliche Natur die menschliche Natur kümmert sich nicht darum ob es wahr ist.
Und deshalb hat Aberglauben nichts zu tun mit der menschlichen Natur oder dem Geist des Menschen.
Und das ist sehr angenehm daß es so ist.
Und jetzt zur Identität.
Hat nun irgendein Franklin Roosevelt irgendeine Identität.
Ich bin ich weil mein kleiner Hund mich kennt.
Aber kann irgendein kleiner Hund mehr wissen und kennen als wissen daß er er ist.
Nein wirklich nicht.
Und was ist Identität.
Ist er er.
Weiß der kleine Hund daß er er ist.
Aber ist er.
Der kleine Hund ist wie der Aberglaube er glaubt was er hört und was er sieht und was er riecht.
Aber ist das Identität.
Natürlich gibt es Personalausweise aber ist das Identität.

Vielleicht ist es auch ganz einfach sich zu erinnern was Identität ist.
Vielleicht hat sich erinnern was Identität ist und ob Identität sich an die Menschen erinnert nichts zu tun mit dem Geist des Menschen nein nichts weil der Geist des Menschen sich nicht erinnert er weiß und kennt und er schreibt was er weiß und kennt.
Doch die Identität erinnert sich und daher hat sie ein Publikum und da sie ein Publikum hat ist sie Geschichte und da sie Geschichte ist hat sie nichts zu tun mit dem Geist des Menschen.
Der kleine Hund weiß daß ich ich bin weil er mich kennt aber das ist nicht wegen der Identität sondern weil er glaubt was er sieht und was er hört und was er riecht und deshalb ist es in Wirklichkeit Aberglauben und nicht Identität weil Aberglauben richtig ist während Identität Geschichte ist und Geschichte ist nicht richtig weil Geschichte von einem Publikum abhängig ist.
O ja o ja von einem Publikum.
Und dies hat nichts zu tun mit dem Geist des Menschen.
Und die menschliche Natur nun die menschliche Natur ist nicht interessant ganz und gar nicht interessant.

Kapitel II

Es ist eine bemerkenswerte Sache nicht bemerkenswert aber doch schon bemerkt. Gibt es einen Unterschied zwischen schon bemerkt und bemerkenswert.
Es leben immer sehr viele Menschen die an irgend etwas und allem beteiligt sind und das ist bekannt als Ereignisse.
Aber.
Nur einer manchmal zwei meistens nur einer manchmal keiner aber sicherlich meistens nur einer in einer Generation kann etwas schreiben was weiterexistiert als Geschriebenes.
Es ist absurd wenn man darüber nachdenkt so absurd wie jeder Aberglaube aber so ist es es gibt nur einen in einer Generation wahrscheinlich nicht mehr als einen in vielen

Generationen nicht einmal einen der etwas schreiben kann was weiterexistiert.
Nun was sagen Sie dazu.
Daß es erstaunlich ist wenn man anfängt darüber nachzudenken aber wenn man hört daß es keine Beziehung zwischen der menschlichen Natur und dem Geist des Menschen gibt ist es nicht mehr so erstaunlich.
Wie oft wenn ich spazierengehe und so viele sehe die studieren und spazierengehen frage ich mich warum sollte nicht einer von ihnen etwas schreiben das so sein wird eben so wie es ist aber sie werden es nicht nein sie werden es nicht und was ist das dieses wie es ist.
Es ist das Schreiben selbstverständlich es ist der Geist des Menschen und es gibt keine Beziehung zwischen der menschlichen Natur und dem Geist des Menschen nein nein selbstverständlich nicht.
Und was hat das zu tun mit flachem Land oder irgendeinem Land je flacher das Land o ja schönes Flachland aber natürlich je flacher das Land und das Meer ist so flach wie das Land o ja je flacher das Land desto mehr ja desto mehr hat es oder könnte es etwas zu tun haben mit dem Geist des Menschen.

Nach Nummer I

Nummer eins ich kann nicht oft genug überrascht sein über das was man so tut und daß man es so gut tut, daß so viel geschrieben wird und man es tatsächlich so gut tut.
Und dann staune ich da man es so gut tut da so viele es tun tun so viele es so sehr sehr gut, ich meine Schreiben wie kommt es also daß am Ende nur einer und dieser eine nur alleine in einer Generation und sehr oft in sehr vielen Generationen nicht einmal überhaupt einer das tut was Schreiben ist.
Das hat alles mit der Tatsache zu tun daß es keine Beziehung gibt zwischen der menschlichen Natur und dem Geist des Menschen.

Diejenigen all diejenigen die es so gut tun und sie tun es sie tun es ja wirklich so gut alle diejenigen die es wirklich so gut tun tun es mit der menschlichen Natur als menschlicher Natur das heißt mit Sich-Erinnern und Vergessen.
Man bedenke daß alles was man sagt mit der menschlichen Natur zu tun hat und wenn man schreibt was man sagt wenn man schreibt was man tut und was getan wurde dann hat das mit der menschlichen Natur zu tun und die menschliche Natur beschäftigt einen aber sie ist nicht interessant.
Nein Sie alle wissen Sie alle wissen daß die menschliche Natur nicht interessant ist, man beobachtet irgendeinen Hund mit Liebe nein die menschliche Natur ist nicht interessant sie beschäftigt einen aber sie ist nicht interessant und deshalb wird so viel geschrieben. Aber geschrieben wird o ja natürlich wird geschrieben. Geschrieben und geschrieben. So hat man früher immer gewettet.
Nun nehmen Sie irgend etwas Geschriebenes und lesen Sie es als Ganzes ist es nicht interessant es beginnt als wäre es interessant aber es ist nicht interessant weil es wenn es einen Anfang und Mitte und Ende haben soll mit Sich-Erinnern und Vergessen zu tun hat und Sich-Erinnern und Vergessen ist nicht interessant es beschäftigt einen aber es ist nicht interessant.
Und deshalb ist es nicht Schreiben.
Schreiben ist weder Sich-Erinnern noch Vergessen weder Anfang noch Ende.
Totsein ist nicht Ende es ist Totsein und Totsein ist etwas.
Man denke an ein Verbrechen natürlich ist Totsein etwas.
Nun und das ist ein großer amerikanischer Beitrag den nur ein flaches Land hat und der nur dort sein kann daß Totsein eigentlich wirklich etwas ist.
Amerikaner sind so.
Keine Europäer und also kein Europäer kann je eine Religion erfinden sie haben zuviel Erinnerung und Vergessen zuviel Wissen daß die menschliche Natur irgend etwas ist.
Aber sie ist es nicht weil sie nicht interessant ist nein kein

bißchen interessanter als betrunken sein. Wer also muß sich alles und jedes anhören. Jeder Europäer aber nicht jeder Amerikaner.

Nummer zwei.

Das wäre traurig.
Was.
Daß jeder Amerikaner hören würde was jeder so sagt.

Nummer drei.

Ich fand bei jeder Art Buch das man mit Brille liest während jemand einem die Haare schneidet und man die Brille also nicht aufbehalten kann und man die Brille als Vergrößerungsglas benutzt und so Wort für Wort liest daß dieses Wort-für-Wort Lesen das Geschriebene das gar nichts ist zu etwas macht.
Sehr bedauerlich aber sehr wahr.
Dies zeigt einem also daß eine ganze Sache nicht interessant ist weil sie als ein Ganzes ja als Ganzes Erinnern und Vergessen enthalten muß, aber eins nach dem andern, oh eins nach dem andern ist schon etwas o ja entschieden etwas.

Nummer vier.

Warum gibt es wenn nur eine Person in einer Generation und oft nicht mal eine in einer Generation wirklich Schreiben schreiben kann eine Anzahl von solchen die es lesen können eine beträchtliche Anzahl von solchen in jeder Generation.
Das ist eine Frage.
Warum tun sie es sowohl als auch können.

Nummer Fünf.

Tun sie es sowohl als auch können.

Nummer sechs.

Eins zwei drei vier fünf sechs sieben gute Kinder muß man

lieben die sind gut und die sind schlecht eins zwei drei vier fünf sechs sieben.
Sie sehen also daß dies die Frage ist.
Wie kommt es daß eine Anzahl eine gewisse Anzahl in jeder Generation lesen kann was geschrieben wird aber nur einer in jedweder Anzahl von Generationen schreiben kann was geschrieben wird.
Sie ließ etwas fallen.

Nummer sechs und sieben.

Etwas anderes.
Was ist die Beziehung von irgend etwas zu irgend etwas.
Nicht menschliche Natur und nicht der Geist des Menschen.
Die menschliche Natur ist es nicht und der Geist des Menschen.
Der Geist des Menschen auch nicht.

Erstes Beispiel.

Die Beziehung zwischen dem Geist des Menschen und dem Universum.
Was ist das Universum.
Die menschliche Natur steht in keinerlei Beziehung zum Universum jeder kann das verstehen.
Das heißt nicht verstehen es ist unbeantwortbar daß die menschliche Natur keine Beziehung zum Universum habe.
Was ist das Universum.

Zweites Beispiel.

Es gibt so viele Dinge die nicht das gleiche sind Identität menschliche Natur, Aberglauben, Publikum, und der Geist des Menschen. Und das einzige das heißt das eine das dazu führt daß man schreibt was bleibt ist der Geist des Menschen.
Identität und Publikum.
Keiner ist identisch aber jeder kann Identität haben.

Und warum.
Darum was nützt es schon ein kleiner Junge zu sein wenn man dann doch zu einem Mann heranwächst.

Beispiel Vier.

Etwas anderes das es gibt ist das Universum.
Identität hat nichts zu tun mit dem Universum. Identisch kann es haben wenn es könnte aber Identität bestimmt nicht bestimmt nicht Identität.

Beispiel Fünf.

Nichts sollte auf etwas folgen weil es dadurch zu einer Mitte und einem Anfang und einem Ende kommen wird und selbstverständlich erzeugt das Identität aber nicht den menschlichen Geist oder nicht den Geist des Menschen.
Wenn man etwas schreibt das irgendein Wort ist und ein anderes Wort wird verwendet danach zu kommen anstatt zu kommen oder wiederzukommen dann könnte das etwas nicht mit der Identität aber mit der menschlichen Natur zu tun haben.
Und die menschliche Natur hat nichts zu tun mit dem Geist des Menschen.
Nun alles oder nichts kann wachsen aber da letztlich nichts wachsen kann gibt es keine Identität.
Nicht selbstverständlich nicht einmal natürlich nicht wenn und aber einfach nicht, überhaupt nicht.
Aber alles kann wachsen.
Aber was nützt es schon ein kleiner Junge zu sein wenn man dann doch zu einem Mann heranwächst.
Sehen Sie was für ein Fehler es ist das zu sagen.

Beispiel sechs.

Das Universum.
Was extra ist ist nicht ein Universum.
Wirklich nicht.

Spiel I
Charaktere.

Identität, menschliche Natur, menschlicher Geist, Universum, Geschichte, Publikum und Wachstum.

Spiel II

Ich glaube nicht daß mir etwas an einem Spiel darüber liegt.

Spiel I

Der Geist des Menschen.
Der Geist des Menschen beim Spiel.

Spiel II

Die menschliche Natur.
Der Hund der sich verlaufen hat weiß sehr genau daß man ihn findet.

Die menschliche Natur.

Aber vielleicht wird und will er nicht gefunden werden.

Spiel III

Sehr oft wird er nicht gefunden er wird überfahren.

Spiel IV

Manchmal wird er nicht überfahren aber er wird doch nicht gefunden.

Spiel I
Identität.

Wenn ich weiß daß ich sag daß ich weggehe und ich tu's nicht tu ich's nicht.
Das erzeugt Identität.
Danke schön für die Identität selbst wenn sie kein Vergnügen ist.

Spiel I

Identität ist nicht wie ein Vergnügen.

Spiel I

Identität hat nichts zu tun mit eins und eins.

Spiel I
Das Universum.

Das Universum nun ja wenn es die Möglichkeit gibt wenn es beliebt daß man ein Universum beiseiteschiebt.

Spiel II

Aber man kann nicht.

Spiel III

Natürlich kann man.

Spiel IV

Natürlich kann man. Man tut es nicht. Aber man kann.

Spiel V

Man kann nicht wenn ein Universum beiseitegeschoben wird. Natürlich kann man nicht.

Spiel V

Ein Universum kann nicht.

Spiel I
Ein Publikum.

Ein Publikum kann nicht beiseitegeschoben werden. Natürlich kann es. Es kann aber wird es. Natürlich kann es. Jedes Publikum kann beiseitegeschoben werden natürlich kann es.

Spiel II
Wachstum.

Es gibt kein »natürlich kann es« für Wachstum.
Wachstum hat keinen Zusammenhang mit Publikum.
Publikum hat keinen Zusammenhang mit Identität.
Identität hat keinen Zusammenhang mit einem Universum.
Ein Universum hat keinen Zusammenhang mit der menschlichen Natur.

Spiel I

Die menschliche Natur.
Die menschliche Natur ist nicht interessant. Die menschliche Natur ist kein Spiel.

Spiel II

Die menschliche Natur ist nicht interessant.

Beispiele sieben und acht.

Je wahrscheinlicher ein Universum mit Identität in Zusammenhang gebracht wird desto weniger wahrscheinlich wird ein Universum ein Universum sein.
Keinem gefällt es daß das Wort universal mit einem Universum in Zusammenhang gebracht wird.

Teil II

Alle Teile sind Teil II.
Einst kannte ich einen Mann der nie Teil eins hatte er hatte immer Teil 2.
Ich wußte es immer.

Teil III

Was hat nun irgend jemand mit Teil III zu tun.

Teil I

Wenn es jeden Tag notwendig ist einen umgebrachten Onkel zu haben das heißt wenn er sich selbst umbringt anstatt eines Vaters so hat das auch weder mit Identität noch mit menschlicher Natur etwas zu tun.

Teil IV

Es ist sehr seltsam daß obwohl immer wieder nur einer schreiben kann doch sehr viele lesen können was der Eine geschrieben hat. Aber ist das nur so weil sie Geschriebenes lesen können oder hat das mit dem Einen zu tun der schreibt.

Das ist es was ich wissen möchte.

Der Geist des Menschen schreibt nur einmal in einer sehr kurzen oder immer wieder sehr langen Zeit aber jederzeit, die Jederzeit-Größe hat nichts zu tun mit irgend etwas weil das Universum auch immer mal wieder das Universum eben diese Größe hat und tut es also etwas zur Sache der Geist des Menschen hat ja was er hat tut was er tut und schreibt was er schreibt und das hat nichts zu tun mit Identität oder Publikum oder Geschichte oder Geschehnissen, und trotzdem schreibt er der Geist des Menschen nur einmal ach nur einmal innerhalb einiger weniger Generationen. Das kommt alles durch die menschliche Natur und die menschliche Natur ist nicht interessant jeder sagt sie sei es aber sie ist es nicht.

Teil I

Er braucht was er zufriedenstellen kann.

Teil I

Jederzeit ändert sich alles, ich meine die Erde ich meine warum meine ich die Erde und was macht noch mehr aus als was auf ihr in ihr ist.

Teil II

Einmal mag man eine Erde.

Teil II

Einmal mag man einen Himmel

Teil II

Einmal mag man einen Himmel und Erde

Teil III

Keinen Himmel

Teil III

Keine Erde

Teil I

Später kommt man dazu nicht zu wissen daß es jemals einen Himmel gegeben hat.

Teil III

Gewiß blieb er bestehen der Himmel sehr kurze Zeit alles in Betracht gezogen das heißt in Betracht gezogen so lange irgend etwas besteht.
Keine Erde ja keine Erde.
Kein Himmel ja gewiß kein Himmel.

Teil III

Nun das was ich Sie zu bedenken bitte ist dies.
Immer mal wieder ist immer mal wieder und jeder kann entscheiden was nichts ist.
Entschuldigen Sie bitte.
Wenn nichts irgend etwas ist kann jeder immer mal wieder entscheiden was etwas ist.
So ist es nun mal.

Teil I

Jederzeit gibt es einen menschlichen Geist er ist oder er ist nicht das ganze Universum das ist oder nicht ist.
Das eben ist der Geist des Menschen.
Man bedenke was das ist der Geist des Menschen.

Teil II

Er hat nichts mit irgend etwas zu tun aber er ist Einer ja nun ja das eben ist der Geist des Menschen.

Teil III

Ist Einer ja das eben ist der Geist des Menschen.

Teil IV

Die menschliche Natur nicht.
Die menschliche Natur ist nie Einer das heißt nicht was der Geist des Menschen ist die menschliche Natur ist nicht was der Geist des Menschen ist.

Teil IV

Romantik.
Es gibt irgendeine Beziehung zwischen Romantik und dem Geist des Menschen aber keine Beziehung zwischen der menschlichen Natur und irgend etwas Romantischem weil die menschliche Natur nicht interessant ist aber Romantik es ist.

Teil I

Lolo.

Teil II

Ich kann nicht oft genug beginnen zu überlegen beginnen was Geld ist.
Hat es etwas mit der menschlichen Natur zu tun oder mit dem Geist des Menschen. Die menschliche Natur kann es

gut vertragen kann es aber nicht abschlagen. Kann die menschliche Natur es kennen erkennen was Geld ist oder nur der Geist des Menschen und jetzt bedenke man es gibt keinen Himmel und natürlich keine Erde, nicht in Amerika vielleicht nicht überall aber es gibt den Geist des Menschen und jeder der mehr ist als nicht genug mag vielleicht erkennen was Geld und Romantik ist.

Teil I

Ich bin nicht verwirrt im Geist weil ich einen menschlichen Geist habe.

Teil II

Ja welcher existiert.

Teil I

Romantik und Geld eins nach dem andern.

Teil II

Lolo.

Teil II

Sei ganz bedacht um mich.
So oft wie ganz bedächtiglich.
Jedes einzelne dieser Worte hat mit nichts anderem zu tun als mit Romantik und Geld.

Teil III

Romantik hat nichts zu tun mit der menschlichen Natur.

Teil III

Geld auch nicht.

Teil I

Lolo.

Teil II

Wo er lebte und wann er starb.
Manche sehen manchmal Sonne.

Teil III

Er starb natürlich.

Teil I

Sie sagt er sagt er sagt sie sagt was getan ist ist nicht abgetan.

Nummer eins.

Es ist keine Entmutigung zu sagen daß es in jeder Zeit jederzeit obwohl sich jede Zeit so sehr wenige Male zeigt verschiedene Arten und Weisen gibt die darauf hinweisen daß alles weit weg ist obwohl jetzt da es jederzeit zu jeder Zeit ein Universum gibt jederzeit ein Universum da ist und alles sehr nah ist.

Nummer zwei.

Das ist eben das und das hat nichts zu tun mit dem Geist des Menschen oder der menschlichen Natur das ist eben das.

Nummer eins.

Es kommt vor es ändert sich ein wenig jeden Tag es kommt aber doch vor daß jeden Tag jemand etwas sagt das jeden wissen läßt daß das Größere kleiner ist nicht aber das Kleinere größer.
Nun angenommen jeder sagt die Pionierzeit ist vorbei das heißt daß das Größere kleiner ist aber nicht daß das Kleinere größer ist und das nun das nicht daß das nichts zu tun hat mit dem Geist des Menschen.
Aber hat der Geist des Menschen etwas zu tun mit Romantik nicht die menschliche Natur vielleicht die menschliche Natur. Wer mag die menschliche Natur. Ich nicht. Und den Geist des Menschen. Und Romantik o ja ich mag Romantik sie ist es die Landschaften macht nicht aber flaches Land.

Flaches Land ist nicht romantisch weil jeder darüber hinwegwandern kann und wenn man darüber hinwegwandern kann dann gibt es dort Geld und wenn es dort Geld gibt dann gibt es dort den menschlichen Geist und wenn es dort den menschlichen Geist gibt dann gibt es weder Romantik noch menschliche Natur noch Regierungen noch Propaganda.
Nichts davon sollte es geben wenn das Land flach ist.
Flaches Land von oben gesehen.
Oben von wo aus.
Oben vom flachen Land aus.
Gibt es denn eine menschliche Natur in Indianern oder Chinesen es sollte ja keine geben.
Aber es gibt sie.
Jawohl es gibt sie.
Aber es sollte keine geben.
Gibt es auch irgendwelche Romantik.
Ganz recht es sollte ja keine geben.
Aber es gibt sie.
Jawohl es sollte keine geben.
Und Regierung, nein es gibt keine Regierung wo das Land flach ist.
Dort sollte es keine geben.
Und es gibt keine.
Und warum nicht.
Weil jeder wandern kann und wenn jeder wandern kann sollte es keine menschliche Natur geben.
Und Romantik.
Nein dort sollte es keine geben.
Und doch hat Romantik nichts zu tun mit der menschlichen Natur.
Nein nichts.
Überhaupt nichts.
Überhaupt nichts.
Überhaupt überhaupt nichts.
Überhaupt nichts.

Nummer II

Lolo.
Es gibt keine Romantik ach wenn jemand sterben muß nach und nach.
Aber sterben.
Ja sterben.
Nicht nur nicht sterben ach.
Nicht nach und nach.
Und also ist Romantik köstlich.
Aber nicht sterben nach und nach.
Lolo.

Nummer drei.

Lolo war Einer auch wenn er einen Vater hatte.
Egal auch wenn er einen Vater hatte.
Niemand schreit laut auf auch wenn er einen Vater hatte.
Es wurde nicht oft oder wieder erwähnt.
Lolo war selber romantisch und er ist tot nicht nach und nach aber tot.
Und während ich dort vorübergehe wo er keinen Vater gehabt hatte wo er nicht nach und nach tot ist aber dann dort wäre wo er ist war er nicht wo er ist. Lolo ist tot und jeder Vater hatte eine Mutter er hatte eine Mutter und niemand davon ist tot.
Er ist tot.
Lolo ist tot.
Dort an jenem Ort dort wo kein anderer ist.

Nummer III

Sehen Sie was Romantik ist.

Nummer III

Sehen Sie daß sie nichts zu tun hat mit der menschlichen Natur oder dem Geist des Menschen.

Nummer III

So vieles hat nichts zu tun mit der menschlichen Natur.
Romantik hatte.
Sie hatte nichts zu tun mit der menschlichen Natur.
Und der Geist des Menschen.
Nichts hatte.
Nichts hatte nichts zu tun mit dem Geist des Menschen.
Romantik hatte.
Oh Romantik hatte.
Romantik hatte weder zu tun mit dem Geist des Menschen noch mit der menschlichen Natur.
Romantik hatte.

Nummer III

Sie hat weder mit dem flachen Land zu tun noch mit Geld noch mit dem Geist des Menschen oder der menschlichen Natur.
Nun könnte jeder denken Romantik und Abenteuer seien das gleiche aber das stimmt nicht.
Abenteuer hat mit kleinen Dingen zu tun die größer sind und großen Dingen die kleiner sind aber nicht Romantik nein nicht Romantik. Romantik hat nichts zu tun mit etwas das größer ist oder kleiner ist und deshalb gehören trotzdem Romantik nichts zu tun hat mit dem Geist des Menschen sie doch zusammen.
Sie haben nichts weder sie noch er nichts zu tun mit menschlicher Natur. O nein nichts zu tun mit menschlicher Natur.
Lolo.
Nichts zu tun mit menschlicher Natur.

Nummer I

Jedesmal wenn einer dazukommt einer zu sein dann gibt es da keine menschliche Natur nein nicht in diesem einen.
Die menschliche Natur hat etwas zu tun mit Identität aber Identität hat nichts zu tun mit irgendeinem der jemand ist.

Nicht gar nichts in irgendeinem.
Nein nein nein.

Nummer II

Sei glaubwürdig und hab acht.
Macht es etwas aus wie Sie sich heute fühlen.
Nein nicht das geringste.
Macht es etwas aus wie Sie sich gestern fühlten.
Nein nicht das geringste.
Macht es etwas aus wenn ein Hund den Unterschied zwischen einem Gummiball und einem Stück Papier nicht kennt.
Nein nicht das geringste aber er kennt ihn.
Ah sehen Sie.
Das ist die Antwort.
Nein nicht das geringste nur er kennt ihn.
Dies nun hat etwas mit Identität zu tun.
Macht es etwas aus wenn ein Hund den Unterschied zwischen einem Gummiball und dem Ende eines Bettvorlegers nicht kennt.
Nein nicht das geringste aber er kennt ihn.
Auf diese Weise kündigt sich Identität an.
Nicht des Balls und des Vorlegers sondern des Hundes.
Sie sehen also ich bin ich weil mein kleiner Hund mich kennt.
Aber das hat nichts mit Romantik zu tun sondern es hat etwas mit Regierung und Propaganda zu tun.
O ja Sie verstehen.
Sie können mich sehen.
Und das hat etwas mit Regierung und Propaganda zu tun aber nicht mit Geld und dem Geist des Menschen.
O ja Sie verstehen mich.
Aber sehen Sie mich.
Das hat mit der menschlichen Natur zu tun aber nicht mit Romantik und Geld und dem Geist des Menschen sondern mit Regierung und Propaganda und der menschlichen Natur

und Abenteuer, o ja Sie sehen es wirklich Sie sehen mich wirklich.

Nummer III

Annähernd alle und alles ist so viel wie nicht annähernd soviel mehr.
Quantität ist eines der Dinge über die man nachdenken muß und wie viel man braucht.
Sie beklagt sich daß einige die nicht auf flachem Lande leben nicht wissen wie viel von allem sie brauchen.
Was hat dies mit Geld zu tun. Eigentlich überhaupt nichts und jetzt werde ich alles erklären womit Geld zu tun hat.
Wie geht es Ihnen was macht man alles mit Geld.
Geld ist etwas ganz Bestimmtes man gibt es und nimmt es.
O ja ja.

Nummer IV

Vier und fünf halten Geld nicht besser am Leben als sechs und sieben.
Doch denken Sie mal nach was man so sagt von Sechsern und der Sieben.

Nummer V

Geld ist sehr wichtig weil jeder darüber nachdenken kann und es nichts zu tun hat mit dem Geist des Menschen.
Und mit Romantik.
Jawohl und mit Romantik.
Und mit Groß und Klein nein nicht mit Abenteuer und nicht mit der menschlichen Natur.
Die menschliche Natur kann sich damit vermischen aber das ist etwas anderes. Wirklich Geld hat wirklich etwas mit dem Geist des Menschen zu tun.

Teil VII

Was taten Schwalben ehe Häuser gebaut wurden da sie sich doch nichts aus Bäumen machen.

Teil VIII

Dies hat nichts mit Romantik zu tun weil die Erwähnung davon schaurig ist.
Schaurig was schauerlich ist hat nichts zu tun mit traurig, und all das beides hat nichts zu tun mit Romantik.
Romantik hat etwas damit zu tun wie es aussieht.
Es sieht aus wie nah und fern das ist nicht Abenteuer es ist Romantik, Romantik muß wie nah aussehen, Abenteuer muß wie fern aussehen, und abenteuern muß das Ferne nah bringen, Romantik muß das Nahe fern haben und doch da.
Wie wahrscheinlich ist es für Definitionen angenehm zu sein.
Sehr wahrscheinlich.

Teil IX

Definiert das was ihr tut durch das was ihr seht nie durch das was ihr wißt weil ihr nicht wißt ob es so ist.
Der Herbst kann sehr früh im Juni erscheinen doch kommt er im Juli im allgemeinen.
Man sieht warum Romantik interessant ist und nicht Abenteuer. Das kann jeder immer mal wieder sagen.

Teil X

Ich glaube daß wenn man aussagt was man sieht niemand nein sagen kann. Jeder tut es jeder sagt nein aber niemand kann es niemand kann es wagen das heißt nein zu sagen.
Das ist der Grund warum man sagen kann was man sieht.
Und können Sie denn sehen.
Das eben sagt die Nationalhymne sagt das Sternenbanner.
Oh sagen Sie können Sie denn sehen.

Teil XI

Alles ist komisch was überhaupt nichts ist.
Aber der Geist des Menschen.

Der menschliche Geist will dem ersten Blick vertrauen und auch dem Anschauen.
Genau so.

Teil XI

Jetzt möchte ich ernstlich sagen und zwar genau was ich sehe wenn ich anderswohin schau.
Das ist das eine.
Ernstlich sagen und zwar genau was ich seh wenn ich irgendwo umherschau.
Ernstlich sagen und zwar genau was ich seh wenn ich seh daß ich ausschau um zu sehen.
Manchmal ist es wunderbar so wie es heute war.
O ja manchmal wie es heute war.
Jeder Tag ist weder hier noch da.
Keiner soll denken daß etwas kommt und bleibt wie es war.
Und wenn man das tut wenn man nicht denkt daß alles kommt und bleibt wie es war was ist dann der Unterschied zwischen heute und irgendeinem anderen Tag.
Aber es gibt einen Unterschied.
Es hat keinen Sinn zu sagen es gebe keinen Unterschied weil es einen Unterschied gibt es gibt einen Unterschied zwischen heute und irgendeinem andern Tag.
Es ist nur nicht notwendig daß sie ein Unterschied sind überhaupt nicht notwendig.
Leuchtet Ihnen nun allmählich der Unterschied ein zwischen notwendig und sein, zwischen der menschlichen Natur und dem Geist des Menschen und natürlich sehen Sie dann ein warum das für keinen interessant ist der es notwendig hat zu sein das heißt der die menschliche Natur interessant findet.
O meine Güte die gute menschliche Natur ist nicht interessant.

Romantik ist nicht interessant aber sie entsteht plötzlich entsteht plötzlich durch das wo Leute sind.
Oh wo Leute sind.
Ja keiner braucht etwas über gestern und heute zu wissen wenn sie sind wo die Leute sind und die einzige Möglichkeit da zu sein wo die Leute sind ist Romantisieren.
Romantisieren oh nicht daß durch Romantik der Ort entsteht wo man gerade lebt.
Das ist das einzige, weder Geschichte kann das tun noch Regierung noch Propaganda noch die menschliche Natur noch der Geist des Menschen.
Romantik ist die einzige Möglichkeit dort zu sein dort an dem Ort wo man ist.
Also ist Romantik zwischen der menschlichen Natur und dem Geist des Menschen hat aber mit keinem von beiden etwas zu tun.
Eine Detektivgeschichte die Geschichte von einem toten Mann sollte eine Verbindung gehabt haben mit Romantik weil ein toter Mann wenn er wirklich tot ist aber nur in Amerika dem lieben Amerika den Vereinigten Staaten von Amerika da ist ein toter Mann wirklich tot.
Und daher ist das Romantik sehen Sie weil ein toter Mann dort tot ist und tot ist dort tot. Nicht Abenteuer, Abenteuer ist nur die Ferne zu drängen näher zu sein, aber Romantik Romantik ist eben da zu sein und zu leben da wo die Leute sind.
Nicht umschrieben als das mit dem sondern das zu sein was nicht als das umschrieben wird.
Ich frage mich ob man Sie heilen könnte von diesem Nicht-Wissen.
Das führt dann wirklich dazu wir zu sein und uns zu sein wie es ist.
Und der Geist des Menschen. Der Geist des Menschen muß sagen was alles jetzt ist. Niemals wo alles ist das ist Roman-

tik aber muß sagen was alles jetzt ist oh ja ja ja das ist der Geist des Menschen.

Teil XXI

Ich sollte es gern haben Schwalben so zu lieben.

Der Geist des Menschen.	O ja ich weiß.
Die menschliche Natur.	O ja o ja.
Romantik.	O ja das ist ja.
Abenteuer.	Was ja ist auch wenn der Schwalbenschmutz da ist.
Regierung.	Ja Schwalben ja. Ja schluckt Ja.
Propaganda.	O ja.

Teil XIII

Ich glaube ich liebe nichts was geschieht.
Ich glaube ich liebe nicht was nicht gleich ist.
Ich glaube ich liebe nicht das wo es Luft gibt.
Ich glaube ich liebe nicht während man liebt.
Aber aus der Luft läßt eine Schwalbe etwas auf mich fallen.

Teil XIV

Das war verfehlt da gesehen.

Teil XV

Ich glaube ich liebe zu sehen was man sieht.
Ah ja natürlich.
Ich glaube ich liebe zu sehen was mich ärgert wenn es geschieht.
O ja natürlich.
Ich glaube ich liebe das zu sein was zu sein nicht menschlicher Natur ist weil die menschliche Natur nicht interessant ist.
Oh nein entschieden nicht. Ich glaube daß die menschliche Natur nicht interessant ist. Entschieden nicht.
Aber alles Herumfliegende ist.

Oh gewiß.
Deshalb ja ist das Universum da.
Weil es herumfliegt.
Es ist interessant.
Alles was herumfliegt ist interessant.
Die menschliche Natur Regierung Propaganda fliegt nicht herum Abenteuer fliegt nicht herum, es fliegt wohin oder von wo weg deshalb ist es nicht interessant.
Und Romantik und der Geist des Menschen.
Nun und Romantik und der Geist des Menschen.
Romantik und der Geist des Menschen sind interessant und fliegen sie denn nein sie fliegen nicht.
Also können wir sagen daß nur die Dinge die herumfliegen interessant sind was das Universum ausmacht, und flaches Land und Romantik und Geist des Menschen aber vielleicht fliegen sie herum und vielleicht fliegen sie nicht herum Romantik und flaches Land und der menschliche Geist, natürlich tun sie es sie fliegen herum. Sich Herumbewegen ist nicht Herumfliegen die Dinge die sich bewegen machen nicht das Universum aus. Sie sind nicht interessant.
Der Geist des Menschen ist interessant und das Universum.
Was Romantik betrifft nun angenommen wir lieben sie nur so aber nicht definiert.
Aber wartet wir wollen sie definieren so daß sie interessant ist. Niemand kann Ereignisse definieren oder Geschichte oder die menschliche Natur oder Regierung oder Propaganda und sie interessant machen. Alles was mit der menschlichen Natur zu tun hat ist nicht interessant.
Überlegen Sie doch mal.
Wie sehr uninteressant die menschliche Natur ist. Wenn man sie an sich liebt was ist dann mit dem Hund mit den zwei Hunden die beide schlafen.
Sie sind süß aber nicht interessant wenn man einmal weiß daß die menschliche Natur es nicht ist, nicht interessant.

Nummer I

Jetzt ist es gerade an der Zeit darüber nachzudenken was interessant ist und was nicht weil nichts anderes interessant ist.
Alles andere ist sowohl beendet wie begonnen alles außer herauszufinden was interessant ist oder nicht.
Denk doch nicht mehr dran bedeutet dann nichts mehr weil alles irgendwo dran ist.
Das ist es.
Sogar der Geist des Menschen.
Ja alles ist irgendwo dran.
Und wenn alles irgendwo dran ist kann jeder auch wissen daß alles irgendwo dran ist und deshalb kann keiner einfach nicht mehr drandenken weil alles irgendwo dran ist.
Und man sieht also ein es muß nichts sein außer dem Universum und dem Geist des Menschen und ist das Universum denn allein und der menschliche Geist.
Kann man beim Universum oder dem Geist des Menschen auch sagen Denk-doch-nicht-dran.
Ich frage mich sehr oft wo das Dran ist.
Das tut keiner.
Wenn jemand allein ist und jeder so ist dann ist niemand allein da niemand ist.
Und daher kann niemand einfach nicht mehr dran denken.
Was für ein Glück es doch ist genau zu sein aber genau sein ist ja glücklich sein.
Glück ist nicht genauso wie es ist und da niemand allein ist ist niemand so glücklich wie es ist.
Also hat Romantik nichts mit irgend etwas zu tun ausgenommen nur wie sie als Land ausschaut.
Land nicht flaches Land kann schon nach etwas ausschauen.
Der Geist des Menschen hüpft nicht herum aber er fliegt herum und ist allein wie das Universum.

Daher schreibt außer ihm niemand das auf, und das macht ihn zum Geist des Menschen daß er das schreibt.

Teil I

Ich sollte nicht beendet haben wie begonnen.
Wenn etwas herumfliegt gibt es kein Beenden und kein Begonnen.

Teil II

Ich komme jetzt zu dem was der Geist des Menschen ist und ich habe einen.

Teil III

Einen.

Teil IV

Der Geist des Menschen hat nicht begonnen er kommt gelegentlich vor aber er hat nicht begonnen.

Teil V

Wird er.

Teil VI

Nein.

Teil VII

Geld.

Teil I

Geld ist ein sehr interessantes Thema.

Teil I

Franklin Roosevelt hat wie Louis Napoleon keine Persönlichkeit aber Persistenz der Insistenz in einem engen Ideenkreis.
Geld und Persönlichkeit.

Zwei Begriffe die vielleicht oder auch nicht mit der menschlichen Natur und dem Geist des Menschen zusammenhängen.
Für alle beide gibt es Lob und Nichtlob.

Teil I

Geld.

Teil I

Persönlichkeit.

Teil I

Geld hat sehr wahrscheinlich nichts mit der menschlichen Natur zu tun.
Die menschliche Natur macht mich lächeln.
Lächeln womit.
Womit ich lächle.
Aber Geld, Geld ist nicht einfach das gleiche durchaus nicht einfach das gleiche.

Teil I

Ich wünsche ernstlich über Geld zu sprechen.

Teil I

Persönlichkeit. Persönlichkeit hat nichts mit Geld zu tun oder mit dem Geist des Menschen. Überhaupt nichts.
Und die menschliche Natur nun die menschliche Natur kann immer ganz gut allein sein und nicht dran denken und deshalb kann die menschliche Natur nun ja die menschliche Natur kann niemals allein sein aber Geld kann Geld kann allein sein und das ist am besten es ist allein Geld ist allein und der Geist des Menschen und das Universum.

Teil I

Es kann eine Verbindung geben.

Teil I

Geld ist allein.

Teil I

Man lernt es beim Gedichte-Schreiben man erzählt es beim Prosa-Schreiben.
Dies gilt sogar für Politik.
Sadismus ist eine völlig andere Sache.
Aber stimmt das.
Falls es stimmt stimmt es.
Sadismus hat vielleicht etwas mit der menschlichen Natur und dem Geist des Menschen zu tun.
Es gibt Verbindungsglieder nicht in der Arithmetik aber es gibt Verbindungsglieder so glaubt man in der Zoologie, aber ich glaube das niemals.
Sadismus ist kein Verbindungsglied aber er hat vielleicht etwas zu tun mit beidem nicht etwas zu tun damit aber er ist etwas das etwas hat etwas zu tun mit der menschlichen Natur und mit dem Geist des Menschen und obwohl niemand etwas vom Sadismus trennen kann kann Sadismus nicht alleine leben. Aber der Geist des Menschen.
Kann er denn?
Wir haben so viel über Zeit und Identität gesprochen daß wir sie jetzt wirklich kennen wir wissen daß man sehen kann daß aus eins drei werden kann.
Für Thornton und Davis eine Autobiographie alsdann.

Autobiographie I

Als ich noch eins war das heißt nicht mehr eins von einem Jahr aber eben eins das heißt als ich ein kleines Kind war, aber nicht ein so kleines daß ich mich selbst meinte wenn ich sagte keines.
Als ich dies eine war, sagte ich wenn ich schaute daß ich nicht sah was ich sah.
Das kann jedem passieren.

Selbstverständlich passiert es auch. Seid natürlich und es passiert selbstverständlich.
Man schaut man sieht was man sieht und sieht man denn.
Wenn man noch eins ist dann ist man dann und wann nicht dieses Eine. Das kann jederzeit passieren. Es passiert wenn jeder irgend jemand ein Kleines ist und jedes irgendeines, jedes ist dann eins.
Man versteht also Zeit und Identität bedeuten was sie sagen wenn sie sagen daß sie nicht existieren.
Seid natürlich o ja seid doch natürlich und habt was ihr habt, und wenn man hat was man hat dann hat man keine Zeit und Identität innen in sich da man diese ja hat wenn man schaut und sieht was man sieht aber vielleicht auch nicht.
Wirklich das hat wirklich mit irgend etwas zu tun.
Aber was hat.
Daß es keine Identität gibt und daß es keine Zeit gibt.
Was nützt es ein kleiner Junge zu sein wenn man später doch ein Mann wird.
Was ist was.

Autobiographie Nummer II

In Making of Americans* habe ich versucht jeden einzelnen zu einem zu machen. Wie.
Dadurch daß es einen Anfang und eine Mitte und ein Ende gab.
Aber gibt es denn so etwas wie einen Anfang. Natürlich sein das gibt es.
Und eine Mitte.
Und ein Ende.
Jeder einzelne der einer ist kann natürlich sein wenn er kann. Wenn er nicht kann kann er so natürlich sein wie er eben kann das heißt in seinem menschlichen Geist, und in seinem menschlichen Geist hat er nie begonnen, er hat nie vorher begonnen er hat nie früher mal begonnen.
Natürlich nicht wenn es so wäre wo wäre er.

* Titel eines vorangegangenen Werkes der Autorin.

Jedenfalls spielt das keine Rolle.
Und deshalb hat die menschliche Natur in keiner Weise eine Beziehung zum Geist des Menschen.
Niemand braucht darüber zu triumphieren.
Man denke an Meisterwerke und erinnere sich wie wenige es gibt und wie viel jeder ist. Warum also glücklich sein und doch ist es jeder.
Ich wünschte schreiben würde nicht wie Schreiben klingen aber wie sonst könnte schreiben denn klingen.
Nun ja es kann schon es kann nicht wie Schreiben klingen weil wenn es wie Schreiben klingt jeder sehen kann daß es geschrieben ist, und den Geist des Menschen niemand sieht den menschlichen Geist solange er existiert und Meisterwerke nun Meisterwerke sind vielleicht nicht anders als das so daß sie nicht existieren wie jeder sie sieht und doch sind sie da.
Machen Sie mir die Freude erfreuen Sie mich bitte.
Jeder kann mich erfreuen, aber das ist es nicht was der Geist des Menschen ist.
Sadismus nein das ist es nicht was Sadismus ist.
Ich bin nicht verwirrt aber verspätet, kann der menschliche Geist verspätet sein.
Ich liebe Wörter an die man nicht mehr denkt die man in Ruhe gelassen hat und Wörter an die man denkt die man nicht in Ruhe gelassen hat.
Welches von diesen ist verspätet.

Autobiographie Nummer III

Alles als Fläche sehen.
Weil das keine Autobiographie sondern die Geschichte von Meisterwerken ist,
Ist es die Geschichte von Meisterwerken-Autobiographie.

Autobiographie Nummer II

In der man alles als Fläche sieht. Wenn man auf irgend etwas schaut und man nicht alles auf einer Ebene sieht, sieht

man es nicht mit dem menschlichen Geist aber das kann jeder wissen. Es ist von Natur aus so. Und es ist so weil es im Geist des Menschen keine Zeit und keine Identität gibt.
Der menschliche Geist hat immer versucht das von etwas anderem zu behaupten aber warum wo es doch gerade im Geist des Menschen drin sitzt. Eben deshalb weil der Geist des Menschen denken kann daß die menschliche Natur vielleicht ist was sie ist aber die menschliche Natur ist wirklich was die menschliche Natur ist und das ist nicht der Geist des Menschen.
Der Geist des Menschen hat weder Identität noch Zeit und wenn er etwas sieht muß alles flach aussehen. Das ist es was die Meisterwerke ausmacht was ein Meisterwerk zu dem macht was es ist. Und wenn es nur dies ist nur keine Zeit oder Identität dann ist es das.
Ja wir können das natürlich sagen selbstverständlich wie natürlich natürlich ist es das.

Autobiographie Nummer I

Heute unter einem Baum bemerkte ich da sang ja gar niemand für mich sie waren da genauso wie sie waren aber sie sahen nicht aus als wären sie flach, also waren sie kein Meisterwerk nein bestimmt nicht.

Autobiographie Nummer I

Jeder kann lesen jeder der einer oder eine oder eins ist und sehr oft sind es Meisterwerke die Meisterwerke sind es was man liest.
Man liest sie und sie sind eins das Meisterwerk ist es.
Es gibt keine Identität und keine Zeit in einem Meisterwerk auch nicht im menschlichen Geist.
Nein natürlich nicht.
Es ist so Brauch zu sagen es muß einen Gott geben aber ganz und gar nicht der Geist des Menschen hat weder Zeit noch Identität und deshalb ist genug davon gesagt.

Seid natürlich und jeder der einen menschlichen Geist hat und jeder der das hat wird das wissen.
Wenn jeder natürlich ist weiß man was ist.
Es ist was es ist.
Je weniger man sagt desto besser aber sehr viel wird gesagt.
Du sagst ich sage er sagt, aber ich habe niemals einen Teil beschrieben.
Nein niemals.

Autobiographie Nummer eins.

Könnte es eine Zeit geben wenn der menschliche Geist die ganze Zeit über innerhalb welcher Zeit war.
Nein ganz und gar nicht.
Weil es dann mehr Meisterwerke gäbe oder dann die ganze Zeit über niemand da wäre der dann alle die Meisterwerke aller Zeiten kennen würde wenn sie dann welche hätten.
Ich erinnere mich so genau daß ich in The Making of Americans immer gesagt habe damals wissend nein nicht wissend sondern die Schwierigkeit des Sicherseins habend daß damals damals war.
Jeder kann das in sich haben und deshalb ist es dann ja dann ist das was alle immer wieder sagen dann aber nicht wann.
Seht Ihr wie lieblich ich mit dann und nicht wann umgehen kann.
O ja ich weiß es dann wenn dann nicht wann ist.
Aber das ist niemals weil es im Geist des Menschen keine Zeit und keine Identität gibt.
Es ist so natürlich das zu wissen so daß jeder es natürlich weiß daß jeder es natürlicherweise wissen würde wenn man nicht glaubte was man einmal gesehen hat obwohl natürlich jeder wissen kann wenn irgend jemand es ihm sagen kann daß man nicht glaubt daß man gesehen hat was man gesehen hat.
Eben darum ist Aberglauben so angenehm.
Natürlich ist er angenehm.

Er ist genauso angenehm wie angenehm er nur sein kann.
Ich glaube was ich weiß doch auf niemandes Geheiß, weil ich weiß daß ich glaube was ich weiß. Aber während ich das tue, gibt es keine Zeit in mir nicht früh noch spät und keine Identität.

Autobiographie Nummer V

Als ich im College war studierte ich Philosophie ja das war's man wußte nicht was man sah weil man sagte man sähe was man wüßte, und wenn man es sähe wüßte man's nicht mehr weil man dann zwei geworden wär.
Dies ist genauso notwendig wie das und deshalb weiß ein Junger das auch, er weiß daß er durch und durch eins ist nicht weil er jung ist sondern weil er durch und durch eins ist.
Natürlich ist er auch durch mit der Philosophie weil er dann ja noch nicht zwei ist.
Sind Sie erst zwei dann ist es vorbei nicht die Philosophie sondern Sie.
Aber wenn Sie eins sind sind Sie durch mit der Philosophie, weil Philosophie mit sich selbst darüber sprechen muß, alles außer einem Meisterwerk tut das und wenn es das tut dann ist es nicht eins sondern zwei.
Sehen Sie das ist es was die Religion meint wenn sie sagt zwei in einem und drei in einem und daher kann die Religion versuchen eins in einem zu sein. Aber nicht eins in Wirklichkeit denn dann ist es noch nicht oder nicht mal bereit.
Deshalb versucht man es also obwohl man sagt es sei eins wie zwei zu machen.
Deshalb letztlich ist sogar in der Religion eins nicht eins.
Aber im Geist des Menschen und in Meisterwerken o ja o ja.

Wieder Autobiographie eins.

Nicht ich bin es die vor dem Zweifel steht worum es hier geht aber die Frau sagt klar, die menschliche Natur ist nicht nur uninteressant sie ist peinlich aber ich ich bin es nicht die

vor dem Zweifel steht worum es hier geht sondern worum es geht ist natürlich das worum es sich gar nicht dreht.
Zeit und Identität und was ist das eigentlich was der Geist des Menschen tut und wenn er es wirklich tut was ist es worum es hier geht.
Identität
Ich kannte den Mann das heißt ich kenne ihn noch und es ist immer derselbe gewesen immer wieder die gleichen Lieder, die Lieder von seinen inneren Bildern immer wieder.
Ja und deshalb konnte ich als man sagte er lebe in Scheidung nicht glauben daß es von ihm ausgegangen wäre es war aber weil die Bilder nicht die inneren sondern die äußeren Bilder ihm weggenommen wurden. Die inneren Bilder waren selbst wenn sie ihm weggenommen wurden das heißt sich in seinem Inneren veränderten immer noch die Bilder die in ihm drinnen waren.
Nun könnte das bedeuten daß es Identität gibt wenn man sagen würde daß es so ist wie es ja ist aber nichtsdestoweniger gibt es sie nicht weil heute niemals morgen oder gestern ist obwohl wenn es doch so ist wenn morgen heute ist das heißt so ist wie es die Frau sagen kann sie kann ja sagen wenn morgen näher ist an heute, und das sagen manche Leute das kann sie auch sagen dann ist morgen heute aber wenn morgen nicht im geringsten nahe von heute ist was er dann sagen kann, nein dann kann morgen nicht heute sein.
An gestern kann niemand irgendein Interesse haben weil es eigentlich irgend etwas dergleichen nicht gibt.
So noch einmal wie schon einmal und nicht wieder einmal weil wieder und wieder nichts ist, Identität und Zeit ist nichts Verwirrendes ganz natürlich ist ganz natürlich.
Lassen Sie mich die Geschichte meines Lebens erzählen des Lebens das gar keine Identität verschweigt weil es keine Identität darin gibt die sich nicht darin zeigt.
Um was geht es.
Wenn innen innen ist zeigt es sich natürlich außen doch ist es innen.

Deshalb haben Identität und Zeit nichts zu tun mit von Zeit zu Zeit da innen innen ist selbst wenn es sich außen zeigt.
Damit habe ich begonnen.
Ja Miss damit habe ich begonnen. Nur sind zwei Anzeichen nicht das gleiche wie eines.
Aber was ist schon gleich. Er tut das gleiche.
Schafft das schon Identität eins und eins und eins.
Ganz gewiß nicht weil es dann ja einen Sinn hätte ein Junge zu sein wenn man doch heranwächst um später ein Mann zu sein und es hat keinen.

Autobiographie Nummer eins.

Alles kann mich dazu bringen nachzudenken was Geld ist, was ist es.
Keiner kann wissen ob jeder wissen kann ob nicht irgendeiner besorgt ist so daß man nicht unbesorgt sein kann.
Ich war nicht unbesorgt über Identität und Zeit o nein das war ich nicht und ich war es nicht nein ich war nicht unbesorgt über romantische Landschaften und wenn ich unbesorgt war mit Geld nein ich war es nicht ich war und ich war nicht das heißt was Geld betrifft ich war es und war es nicht mit Geld und ich war unbesorgt über Sadismus und falls nicht warum dann nicht, Sadismus ist nicht interessant jedenfalls nicht so sehr allein wie wenn es sich dann um Sadismus handelt und falls dann nicht betrachten wir ihn nicht als interessant. Geld ist interessant und Romantik nicht die menschliche Natur und Sadismus. Machen Sie etwas anderes draus wenn Sie wollen »sad«* ist es und Sadismus. Sehen Sie was ich meine sehr wahrscheinlich ja und das ist nicht interessant obwohl jeder sich lesend erfreuen kann was sehr oft genau das ist was Lesen zu Sitzen macht und Sitzen und Rennen ist nicht interessant obwohl sehr beschäftigend und ausfüllend. O ja wer möchte noch Gärtnern einbeziehen was ist der Unterschied zwischen Gärtnern und Bauern. Geld ist der Unterschied und nochmals Geld

* traurig

wer Geld liebt und Geld ist etwas dem wir alle zustimmen, glücklich sein und Geld verdienen, ist alles.
Aber warum sollte es jetzt nicht wahrscheinlich sein daß man Lebewohl sagt.
Wenn man Lebewohl sagt sollte es Romantik sein und hat Romantik Zeit und Identität denken Sie mal darüber nach.
Im Innern jedes menschlichen Geistes ist es nicht da gibt es keine Zeit und gibt es keine Identität sonst gibt es was innen ist nicht. Aber wenn es innen ist dann gibt es das nicht darinnen da gibt es keine Zeit und gibt es keine Identität. Aber Romantik und Geld was zu tun hat mit Was ist Was und Was ist nicht Was. Was was ist ist Geld, was was ist was nicht ist und was nicht doch was ist, das ist Romantik und die ist nicht was nicht gar. Romantik ist was. Beantworten Sie mir was was ist.
Sie ist keine ebene Fläche, die Romantik so wie die Meisterwerke und doch ist sie es weil sie so dick ist daß sie es ja doch ist. Wenn etwas das nicht flach ist dick genug ist dann ist es ach, auch flach. Und also kann Romantik ein Meisterwerk sein. Aber Sadismus nun das kann man verstehen daß Sadismus nie flach werden kann weil er nie eins werden kann. Romantik kann es wenn sie dick genug ist. Und Geld ja wenn es dünn genug ist um all das zu sein was Geld ist und das ist es ja was es ist. Dick oder dünn her oder hin draußen und drin es will Gewinn, gewinnend ist eine Beschreibung für eine reizende Person.

Autobiographie Nummer eins.

Ich schreibe dies alles mit einem amerikanischen Ein-Dollar-Federhalter.

Autobiographie Nummer eins.

Was habe ich studiert ich studierte Philosophie und Naturwissenschaften und Psychologie und Medizin und ich las Literatur und Geschichte, und alles andere was zum Lesen veranlassen kann.

Und was geschah während ich all das tat nun alles wenn man so will ja alles aber meistens wenn man alles so will. Nun hätte ich es gerne als eine Geschichte vom alles Herausfinden erzählt und daß es keine Zeit und Identität in mir gibt daß heißt in allem und daß kein Sinn im Nicht-dran-Denken liegt weil nach und nach nun weil es gar kein nach und nach gibt. Weil Sie mich erwähnen sollen wenn Sie können weil ich hier bin.
Warum muß man denken man kann etwas über einen Hund glauben weil man ihn liebt. Man kann einen Hund lieben und man kann über gar nichts nachdenken was sehr nett ist.
Es ist wunderbar wie eine Handschrift die unleserlich ist gelesen werden kann, oh ja sie kann.
Autobiographie Nummer eins ist fast fertig scheint's.

Autobiographie Nummer eins

Nur keine Lösung aber darinnen sein, das ist es was man zum Problem der Beziehung zwischen der menschlichen Natur und dem Geist des Menschen sagen kann, die nicht existiert weil es keine gibt es gibt keine Beziehung denn wenn man im Geist des Menschen ist dann ist man darin, und wenn man in der menschlichen Natur ist dann ist man daraus.
Werden Weil.
Bewahre dich vorm Sein.
Sein ist nicht etwas was keiner sein kann was keiner sehn kann und gewiß nicht was keiner sagen kann.
Jeder kann sagen »sein«.
Sein steht für Biographie.
Und für Autobiographie.
Nein nicht für Autobiographie weil Sein später kommt und B nach A.
Also noch einmal verzichten auf weil und werden.
Als ich sicher war daß die Wissenschaft feststellt was jeder sah und die menschliche Natur nun ja da nahm ich mir vor

irgend etwas festzustellen was jeder sehen könnte und die menschliche Natur war genau das, und da schrieb ich was: The Making of Americans. Aber angenommen ja man sähe wirklich irgend etwas und es gäbe Zeit genug Zeit spielte keine Rolle weil es immer Zeit genug gibt, wenn es überhaupt genug von etwas gibt dann brauchte man sich keine Sorgen zu machen und es gibt ja immer Zeit genug. Ich machte mir dann keine Sorgen mehr über die Zeit aber ich hörte einfach auf weiterzumachen. Genau das ist Zeit. Es gibt immer genug und deshalb gibt es kein Weitermachen nein nicht im menschlichen Geist es gibt nur ein Darin-Verharren. Das ist ein natürlicher Zug denn es gibt von allem genug und von der Zeit gibt es immer genug. Also ist Zeit nichts da es immer genug davon gibt.

Der Geist des Menschen hat mit Zeit nichts zu tun da er innen ist und genug innen drinnen hat nichts mit irgend etwas zu tun.

Tun Sie mir den Gefallen nichts zu beginnen. Auch nichts zu Ende zu bringen.

Aber die menschliche Natur o ja die menschliche Natur hat immer mit genug zu tun.

Das heißt man könnte sagen alle menschliche Natur hat es und tut es sie hat zu tun mit genug.

Aber die Autobiographie die noch kein Sein in sich hat verlangt von mir daß ich sage daß seit dem Tage da ich wußte daß es Zeit genug gibt zu sagen was so alles menschlicher Natur war ich es dann nicht mehr so machte, weil alles was man sieht auch so ist und die Meisterwerke die eben keine Meisterwerke sind erzählen immer nur so als ob. Natürlich ist es, wenn es ist so aber der Geist des Menschen oh nein er ist nicht so.

Der Geist des Menschen ist nicht so weil Innen-drinnen-Sein nichts zu tun hat mit Identität oder Zeit oder genug.

Jeder kennt das als etwas Natürliches, einfach beginnen mit innen das heißt nicht beginnen, nein nicht tun nicht beginnen, wie kann irgend jemand beginnen wenn innen nicht ist kann nicht begonnen werden. Sehen Sie das doch ganz klar, bitte ganz klar. Es ist so einfach und auch noch wahr. Oh ja das sind alltägliche Gedanken.

Aber nun, Philosophie und Naturwissenschaften und Medizin. Die Philosophie berichtet warum nichts begonnen hat aber wenn nichts begonnen hat dann gibt es kein warum. Innen, jeder weiß innen innen weiß jeder es gibt kein warum auch nicht zu beginnen weil es so etwas eben nicht gibt. So ein Ding wie Beginn.

Die menschliche Natur ist nicht natürlich sie ist was jeder tut und was jeder tut ist nicht natürlich und deshalb ist sie nicht interessant.

Es gibt keinen Zweifel daß die menschliche Natur nicht interessant ist obwohl der Geist des Menschen immer versucht hat sich damit zu befassen und die menschliche Natur interessant sein zu lassen und der Geist des Menschen hat sich so viel Mühe gemacht das tut er immer und versucht es für sich selber so zu machen daß die menschliche Natur interessant ist aber sie ist es nicht und deshalb glätten die Meisterwerke sie immer aus, glätten die menschliche Natur aus so daß es keinen Beginn und keine Mitte und kein Ende gibt, denn wenn es das nicht gibt dann gibt es kein Tun und wenn es kein Tun gibt dann gibt es keine menschliche Natur und also ist Tun ohne menschliche Natur die nicht interessant ist eben das was der Geist des Menschen innen tut.

Es gibt keine Beziehung zwischen dem Geist des Menschen und der menschlichen Natur.

Beides ist wie es ist.

Die Philosophie versucht im Geist des Menschen das zu ersetzen was nicht da ist das heißt Zeit und Beginn und deshalb muß alles aufhören weiter lebendig zu sein. Folglich gibt es praktisch keine Meisterwerke in der Philosophie.

Außerdem sagt die Philosophie die menschliche Natur sei interessant. Nun sie ist es aber nicht. Das ist alles was es darüber zu sagen gibt. Es ist so leicht recht zu haben wenn man nicht glaubt was man sagt.

Bitte hören Sie gut zu.
Autobiographie Nummer eins ist jetzt fast ganz begonnen scheint's.
Vermeiden Sie in Begonnenem zu sein.
Es ist so leicht recht zu haben.
Wenn man nicht glaubt was man sagt.
Selbstverständlich gibt es Glauben an das was jeder andere sagen kann.
Selbstverständlich steckt da nichts dahinter.
Man hat die Religion natürlich genannt.
Nun dahinter steckt etwas, weil die Religion weiß daß es keine Zeit gibt und keine Identität und kein genug und keine menschliche Natur im Geist des Menschen, aber Religion ist zaghaft und deshalb sagt sie nicht warum oder wie sondern sie sagt sehr wohl wo und während sie sagt wo schaut sie hinüber und sieht es wohl so.
So fand ich Stückchen für Stückchen was nicht genug ist heraus daß genug nicht genug ist und nicht genug sollte man wie ungefähr behandeln. So verliebte ich mich schließlich jeweils so sehr in ein bestimmtes Wort auch wenn es immer eins nach dem andern war.
Nun lassen Sie mich also die Geschichte meines Lebens erzählen.
Die Geschichte meines Lebens.

Kapitel eins.

Damals hatte ich keine Hunde.

Kapitel II

So war ich nicht ich weil mein kleiner Hund mich nicht liebte.
Aber ich hatte eine Familie. Das kann der Identität schädlich sein jedenfalls besteht kein Zweifel kein Schatten eines Zweifels daß wir ohne diese Identität ohne die Familienidentität leben können.
Es hat nichts mit irgend etwas zu tun wenn es keine Zeit und

Identität gibt. Aber es hat zu tun o ja es hat zu tun mit wie man was tut und wie es einem geht man tut ja das was man tut.
Der Geist des Menschen lebt allein.
Das ist es was man in Kapitel II spürt.

Kapitel III

Es gibt Meisterwerke es hat sie immer gegeben aber schaffen sie Identität für einen.
Sie schaffen keine bestimmte Zeit das ist gewiß und Identität man kann also versucht sein sie in Identität zu verwandeln.
Aber wenn man es tut.
Niemand tut was sie tun.

Kapitel II

Man identifiziert sich mit Meisterwerken in Kapitel II und in Kapitel drei verschaffen sie einem Identität, aber in Kapitel eins keine da gibt es keine Identität und keine Zeit und in Kapitel IV schließt jeder vielleicht eine Tür.
Wenn man irgendeine Tür schließen kann hat Identität keine Bedeutung das ist es was in Kapitel vier passiert.

Kapitel IV

Sich schnell bewegen nach dort und nach hier und dann ganz stillstehen das passiert in Kapitel vier.
Kapitel vier hat keine Identität und keine Zeit und mehr als alles was es genug gibt. Genug gesagt.

Kapitel IV

Jeder kann also sehen das heißt muß sagen es ist natürlich genug es ist regelrecht genug daß es keine Identität und keine Zeit und kein Interesse an Genug gibt.
Danach gibt es viele Stunden Beschäftigung und Meisterwerke sind Meisterwerke.
Dies ist das Leben eines Menschen von der Geburt bis

sechzehn und der Rest ist nicht wert überliefert zu werden ich meine Meisterwerke zu überliefern.
Meisterwerke und Identität.
Wenn es natürlich ist daß es so gesehen wird ist Sehen dann natürlich das was gesehen wird.
Es nützt nichts unzufrieden zu sein mit dem was jeder sieht.
Aber Meisterwerke, nein Meisterwerke sind nicht darin nur sagt jeder das genau täte ein Meisterwerk aber tut es das. Sagt es was jeder sieht, aber ja das tut es zwar und doch ist es nicht das was ein Meisterwerk dazu macht es nicht so sein zu lassen daß es ist was es ist.
Überlegen Sie mal sind Meisterwerke natürlich genug und was ist natürlich genug.
Meisterwerke und Identität, unterschiedliches Publikum und Identität, lassen sich diese Dinge trennen uns zu Gefallen oder tun sie nicht doch was sie wollen.
Wenn der kleine Hund den Ball will vergißt er ihn zu holen wenn er nicht gefallen will und wenn er es tut und ihn doch holt ist dann seine Identität ein Publikum. Es sieht so aus als sei sie es aber ist sie es.
Ein Meisterwerk hat bestimmt nichts zu tun mit Identität weil der Identität wenn sie ein Publikum hätte nichts daran gelegen wäre ein Meisterwerk zu sein.
Nicht irgend etwas sich selbst überlassen das ist es nicht was ein Meisterwerk tut.
Aber wirklich was ich gerne wüßte ist warum die sehr guten Dinge die jeder sagt und jeder weiß und jeder schreibt keine Meisterwerke sind ich wüßte wirklich sehr gerne weshalb sie es nicht sind. Und wenn ich sage Identität ist es nicht ja da liegt immer etwas darin das nicht da ist.
Wenn nicht warum nicht.
So viele Wörter zu benutzen.
Oh sagen Sie nicht daß Wörter einen Nutzen haben.
Irgend jemand jeder kann erzählen was jeder weiß aber zu was soll das gut sein schließt das den Kreis.

Du meine Güte was schließt das mit ein.
Schließlich ist das was jeder weiß kein Meisterwerk aber jeder sagt es sei eins.
Tun sie das.
Oh ja jeder sagt es sei eins.
Aber jeder weiß was jeder weiß.
Und die menschliche Natur ist das was jeder weiß und Zeit und Identität ist das was jeder weiß und das sind keine Meisterwerke und doch weiß jeder daß Meisterwerke sagen was sie sagen über die menschliche Natur und Zeit und Identität, und was nützt es, es gibt keinen falschen Nutzen in dem was nützt, es nützt nichts. Warum nicht.
Nun hören Sie mal zu. Was ist Konversation.
Konversation ist nur interessant wenn niemand hört.
Hört hört.
Meisterwerke stehen niemandem und nichts nach.
Eins und eins.
Ich bin nicht ängstlich sondern ziemlich sicher daß und ob es so ist ob es so ist ob es so ist.
Meisterwerk oder keins.
Was ist eins.
Ich frage Sie was ist eins.
Wenn er nicht weggeängstigt worden wäre hätte er vielleicht am Wasser getrunken aber schließlich tat er es doch.
Das ist ein so gutes Beispiel für ein Meisterwerk wie es nur sein kann.

Seite I

Spiel für Er und sein Stachel.
So kann Musik die Natur ersetzen.
Aber was ist Natur.
Nicht Musik.
Musik kann nur die Natur ersetzen.
Was ist Natur.
Natur ist was sie ist.
Gefühl ist was es ist.

Romantik ist was sie ist und es kann keine Romantik geben ohne Natur.
Aber ist Natur natürlich.
Nein nicht so natürlich wie das.
Er liest Meisterwerke aber er kennt die Natur und weiß Musik ist das nicht.
Eine Ode an Thornton.

Seite I

Ich wollte genau das tun was ich tue aber ich wollte niemals das tun was genau ich tue wenn ich es tue.
Ist das nur die menschliche Natur oder der Geist des Menschen.
Es ist weder noch.
Es ist das Geld.
Ja vielleicht ist es das Geld.
Bleiben wir noch ein wenig beim Geld.

Band I

Geld ist was Worte sind.
Worte sind was Geld ist.
Ist Geld was Worte sind.
Sind Worte was Geld ist.
Es kann keine Romantik geben ohne Natur, es kann kein Geld geben ohne Worte.
Es kann Natur geben ohne Worte.
Natur gebrauche ich hier nur im Sinn der natürlichen Landschaft und dessen was Land ist.
Und so ist Natur nicht das was Geld ist.
Es kann Musik ohne Worte geben.
So kann keine Musik da sein wo Worte sind.
Daher hat Musik nichts zu tun mit Geld und mit Worten.
Habe ich gesagt man solle die Frage umfassen nein weder umfassen noch die Frage fallen lassen.
Aber sich an die Frage gewöhnen an die Frage warum Meisterwerke angeblich interessant sind da man sich in

ihnen mit der menschlichen Natur befaßt wo doch die menschliche Natur gar nicht interessant ist.
Sie sind natürlich nicht deshalb Meisterwerke sie sind es nicht weil die menschliche Natur in ihnen, das Erzählen von der menschlichen Natur in ihnen dem Erzählen von der menschlichen Natur derjenigen gliche die keine Meisterwerke schaffen wenn sie die gleichen Dinge über die menschliche Natur erzählen von welchen in den Meisterwerken erzählt wird.
Die menschliche Natur ist nicht interessant und was in den Meisterwerken von der menschlichen Natur erzählt wird ist nicht das was sie immerwährend interessant macht, nein das ist es nicht.
Viele Leute lesen Meisterwerke, ich lese Sachen die keine Meisterwerke sind in denen aber Stücke von Meisterwerken zitiert werden. Und was finde ich ich finde daß Vergleiche und die menschliche Natur nicht das ist was Meisterwerke interessant macht.
Aber Geld und ein Wort und Romantik.
Die ja die haben nichts in sich von irgendwelcher menschlichen Natur.
Und danke daß nicht.
Geld und Worte und Romantik haben keine Zeit oder Identität in sich, oh bitte bestimmt nicht.
Gewöhnen Sie sich daran, Sie können sich nicht an Geld oder Worte oder Romantik gewöhnen nein bestimmt nicht.
Aber Sie können sich an die menschliche Natur gewöhnen, ja das bestimmt.
Jeder kann sich an die menschliche Natur gewöhnen.
Sehen Sie das einzige was an Regierung und Regieren interessant ist ist Geld. Alles andere am Regieren und der Propaganda ist menschliche Natur und als solche ist es nicht interessant. Alles andere hat Zeit und Identität was die menschliche Natur ist und das ist überhaupt nicht interessant. Nein man kann das durchaus verstehen daß das einzige

was am Regieren und der Regierung interessant ist das Geld ist. Geld hat keine Zeit und keine Identität und keine menschliche Natur, weil es selbstverständlich keine hat.
Erinnern wir uns wie das geschieht was geschieht.
Nichts geschieht.

Seite II

Worte und Wörter. Sehr wohl. Worte und Wörter.
Was sind Worte und Wörter.
Jedes Wort irgendein Wort ist ein Wort.
Es nützt nichts zu sagen gewohnt.
Alle Worte und Wörter sind nicht Worte und Wörter die man gewohnt ist oder an die man sich gewöhnen kann.
Daher können sehr viele von ihnen nicht in Meisterwerke eingehen.
Solche an die man sich gewöhnen kann oder solche an die man sich nicht gewöhnen kann.
Nicht oder doch gewöhnen kann.
Jedes Wort das in ein Meisterwerk eingehen kann ist eines an das man sich nicht gewöhnen kann oder vielleicht nicht.
Wie dem auch sei was ist ein Meisterwerk. Es gibt keinen Zweifel daran aus was ein Meisterwerk ist aber gibt es irgendeinen Zweifel daran was ein Meisterwerk ist.
Ich bin gerne freundlich.
Ich vergesse gerne.
Ich mache gerne alte Pferde zu Maultieren.
Ich habe es gerne wenn Ochsen wohlhabend sind.
Ich habe es gerne wenn Kühe fast nähren können.
Ich sehe mich gerne nach mir um.
Ich habe gerne keine Lebhaftigkeit.
Ich habe es gerne wenn Vögel weggeflogen sind.
Ich habe es gerne wenn Vorkehrungen zu treffen sind.
Ich habe gerne Gelegenheit Blätter zu verbrennen.
Ich habe das gerne was man als deutlich verstanden hat.
Ich habe gerne wenn es herauskommt.
Ich habe es gerne fast aus eigener Kraft.

Warum schließlich ist es vielleicht nicht wahr daß jeder und jede dies weiß.
Sie tun es ja.
Aber warum ist es vielleicht beinah nicht wahr daß es nicht schwierig ist.
Es ist nicht schwierig.
An erster Stelle denke man an einzelne Wörter oder an Worte beisammen.
Es macht jeden glücklich Worte beisammen zu haben. Es macht jeden glücklich Wörter einzeln zu haben. Beides hat vielleicht gar nichts überhaupt nichts zu tun mit der menschlichen Natur.
Jedes beliebige Wort hat vielleicht auch nichts und hat tatsächlich gar nichts zu tun mit Identität.
Auch nicht mit der Zeit.
Es gibt keine Tränen wenn man sagt und nicht mit der Zeit.
Auch nicht wenn man sagt nichts mit Identität.
Es kommt vorsichtig zum Vorschein daß es keine Identität und keine Zeit und deshalb keine menschliche Natur gibt wenn Wörter einzeln sind.
Oder vielmehr wenn Worte beisammen sind.
Anfang und Mitte und Ende das alles bringt kein Vergnügen, und kein Geld und keine Romantik und keinen menschlichen Geist.
Wenn das Stück eines Meisterwerks zitiert wird, ein ganz kurzes in einer ganz kurzen Zeit wird dann irgendein Teil vereinzelt und fällt auseinander.
Nein denn es war niemals beisammen war niemals anders als beisammen.
Entweder das oder niemals auseinander.
Identität ist sehr merkwürdig sehr neugierig.
Nicht mal die Hunde können sich noch weiter Sorgen machen über Identität.
Sie würden gerne verlorengehen und wenn sie verloren sind was bleibt dann an Identität.

Sie würden gerne sehr gerne überhaupt verlorengehen.
Verloren.
Das sagt man so. Verloren.
Sie würden gerne verlorengehen und dann wären sie also da wo es keine Identität gibt, aber ein Hund kann nicht verlorengehen, deshalb hat er keinen menschlichen Geist, er ist niemals ohne Zeit und Identität.
Armer Hund wie gerne wäre er verloren.
Sie tun so als ob sie gerne ihren Verstand verlieren würden und also verloren wären.
Armer Hund der nicht ist nicht kann nicht verloren ist.
Lassen Sie mich Ihnen eine Geschichte erzählen.

Basket eine Geschichte.
Zwischenspiel I

Ich bin ich weil mein kleiner Hund mich kennt.
Ist er er wenn er mich nicht kennt.
Dies kommt manchmal vor.
Das heißt sein Mich-Nicht-Erkennen.
Wenn es nicht vorkommt versucht er manchmal es vorkommen zu lassen.
Ist er also er wenn er mich nicht kennt.
Und wenn er mich nicht kennt bin ich dann ich.
Aber gewiß so ist es nicht obwohl es eigentlich ganz ehrlich doch so ist.

Seite III
Identität

Danke für einen Namen.
Danke keinem für den gleichen Namen, für ein und dasselbe.

Identität

Ist es gut das Ende irgendeiner Identität zu kennen.
Angenommen es fängt gut an und Sie erkennen und wissen auch gut daß Sie Sie sind.

Wenn Sie Sie sind sagen Sie es und wenn Sie es sagen erkennen und wissen Sie es falls Sie es durch Erkennen und Wissen sagen können.
Ich sage daß gesprochene Worte nichts bedeuten, geschriebene Worte ja weil sie sobald sie geschrieben sind nicht mehr gesagt werden. Jeder denkt nach über Schreiben das nicht an jemanden geschrieben ist jeder kennt das.
Die gesprochenen Worte sind zu jemandem gesprochen, die geschriebenen Worte sind außer im Fall der Meisterwerke an jemanden geschrieben, jemand jemand den es gibt da ist Identität, die eines Jemand. Jemand Tränen steigen mir in die Augen wenn ich jemand sage, und warum nun weil das Wort so klingt wie jenes jenes Etwas wie ein Hund der verlorengehen kann. Alles was verlorengehen kann ist etwas an das sich jeder und irgend jemand gewöhnen kann und das ist Identität.
So auch im Geist des Menschen der schreiben aber nicht sprechen kann, der schreiben sich aber nicht an das gewöhnen kann was er schreiben kann schreiben kann aber nicht verlorengehen kann, das eben ist der Geist des Menschen.
Ich weiß nicht ob die menschliche Natur verlorengehen kann oder nicht aber sie kann sich bestimmt daran gewöhnen und also hat sie ihre Identität.
Hab ich das nun klar gemacht, hört oh hört und gebt mir acht hab ich's hab ich's klar gemacht.
Hören.
Ich wünschte es wäre so leicht zu sagen was ein Meisterwerk ist wie zu sagen was die menschliche Natur und Zeit und Identität ist.
Alles was verloren werden kann oder ist ist so leicht zu beschreiben weil es von keinem Interesse ist.
Aber Geld.
Nun Geld ist nicht leicht zu beschreiben. Es ist leicht zu verlieren aber es kann nicht verlorengehen und niemand kann wirklich sich wirklich daran gewöhnen.
Und Romantik.

Es ist nichts da wenn er sagt er habe Musik lieber, was keineswegs bedeutet daß er das nicht gerne hätte was er grundsätzlich gerne hat. Keineswegs.

Seite IV

Bob Davis.
Was ist die menschliche Natur.
Wenn Sie gefallen wissen Sie es nicht.
Aber Sie müssen es auch nicht wissen denn niemals zu verwehren ist ja niemals zu gewähren und also überhaupt nicht und so.
Man braucht nicht auf Zeit zu warten um dauerhaft zu werden.
Man braucht nicht von der Zeit zu erwarten daß sie dauerhaft ist.
Man kann aber man muß nicht.
Und da man nicht muß tut man es nicht.
Nicht müssen.
Man tut es nicht.
Also Bob Davis.
Was tun Sie.
Nichts.
Und warum nicht.
Weil es keine Zeit gibt.
Ja natürlich nicht.
Und Bob Davis warum ist natürlich nicht das gleiche wie natürlich nicht.
Wenn es dauerhaft ist ist es natürlich nicht.
Das heißt es ist nicht natürlich nicht.
Es gibt keine Verwechslung in der Zuordnung von Dauerhaftigkeit.
Bob Davis ist vielleicht kein Paar.
Denn Identität ist auch nicht da.
In einiger Entfernung sahen wir einen Mann auf einem Fahrrad und in einiger Entfernung sah er aus wie zwei.
Es ist nicht notwendig maßzunehmen.

Es gibt keine Dauerhaftigkeit wo ein Maß ist.
Und also ist Identität kein Ball, nein auf gar keinen Fall.
Sie ist nicht da.
Wo.
Wo ist sie nicht da.
Irgendwo. Überall.
Bob Davis.
Darin wo ein Meisterwerk nichts ist.
Da gibt es innen kein Drinnen.
Mit der Zeit weiß ich was ein Meisterwerk ist.
Nun ja.
Mit der Zeit weiß ich was ein Meisterwerk ist.

Seite IV

Die menschliche Natur ist so nicht interessant als daß es darin überhaupt nichts anderes gibt was keine Zeit und Identität ist.

Seite IV

Eben nicht Identität ebensoviel wie eben Identität.
Die menschliche Natur macht sich eben Sorgen um die Identität.
Und also ist die menschliche Natur alles an Identität und wer ist wer.
Würde man fragen wer ist wer was täte die Identität nachher.

Seite zwei.

Ich habe einmal gesagt ich habe gesagt vielleicht sei es wahr daß das was Poesie möglich macht ein kleines Land ist. Große Länder können nicht wirklich Poesie machen weil sie wenn sie das gleiche sagen nicht alle so empfinden nicht so empfinden können wie sie es empfinden.
Damit will ich sagen.
All dies will ich sagen.

Seite zwei.

Wenn ich dies nun gesagt habe wollte ich damit denn sagen daß Poesie das ist was man sieht.
Angenommen das will ich wirklich sagen.
Poesie kann sein was man sieht und oft ist sie das.
Poesie ist nicht Identität nein das ist sie nie.
Poesie kann Zeit sein aber wenn sie das ist dann ist es erinnerte Zeit und das läßt sie sein was man sieht.
Und also ist Poesie sehr viel Poesie das was man sieht.
Und wenn sie das ist dann ist sie in dem Ausmaß wie sie es ist kein Meisterwerk.
Was man sieht kann das Subjekt sein aber es kann nicht das Objekt eines Meisterwerks sein.
Aber ein Großteil der Poesie besteht aus Subjekt und wenn sie so ist dann ist sie kein Meisterwerk.
In einem kleinen Land wo das Land nicht flach ist und wo man wenn man sich umsieht sieht was da ist sofern es ist wie es ist kann und wird und soll und muß und mag sehr viel Poesie geschrieben werden.
Und das ist so wie es ist weil wenn alle oder irgend jemand irgend etwas sagt alle und jeder weiß was es ist.
Aber in einem großen Land und selbst in einem kleinen wenn es flach ist kann nicht jeder sehen was da ist wenn man sieht was da ist.
Ebendeshalb ist es auch so daß in einem kleinen Land das nicht flach ist und das immer so weitertun kann was es tun muß soviel Poesie geschrieben wird über das was da ist und was man sieht.
Aber in einem flachen Land muß sie Inhalt haben und nicht Form und daraus wird vielleicht ein Meisterwerk aber ist es Poesie. Meisterwerke Meisterwerke es nützt nichts zu fragen wo seid ihr weil das jeder weiß aber was seid ihr ja das weiß vielleicht niemand.
Nun Poesie ist jedenfalls Poesie und sehr viel Poesie sagt was man sieht so wie es ist, sagt was es ist so wie man's sieht. Ja.

Seite neun.

Ich kenne und weiß den Unterschied zwischen was ist und nicht ist das heißt ich kenne und weiß den Unterschied zwischen was das ist und was ist das und beim Erkennen kann ich es benennen das heißt wissen was davon es ist.
Wie dies.
Wie dies ist nicht dies Wie zu mögen.
Jedes Wort irgendein Wort ist ein Wort das man benutzt und in Amerika wo das Land flach ist dort sieht man wirklich daß es nichts nützt wenn irgendein Nutzen darin liegt daß man weiß was etwas ist denn ist es ist es denn was es ist.
Man ereifert sich nicht dabei weil man denkt daß es so sei und so weiß man nicht daß es so ist mit anderen Worten es ist so wahrscheinlich wie nicht weder was noch warum es so ist da man nunmal niemals nie sagt nein nicht in Amerika.
Was haben Meisterwerke zu tun mit dem was man niemals sagt oder sogar mit dem was man sagt.
Gar nichts entweder nur allmählich oder überhaupt nicht.
Nun hören Sie mal zu.
Wenn ein Meisterwerk ist was es ist wie kann dann sein Nicht-eins-Sein eine Wirkung auf es haben.
All das ist Schweigen denn es läßt Verlangen entstehen und Verlangen und Fühlen haben nichts zu tun mit dem was ein Meisterwerk ist.
Gelegentlich nichts zu tun mit dem was ein Meisterwerk ist.
Selbst wenn es ein Fühlen von Verlangen ist hat es nichts zu tun mit dem was ein Meisterwerk ist.
Thornton Wilder was ist ein Meisterwerk.
Er sagt er hoffe er wisse daß Verlangen nichts zu tun hat mit dem was ein Meisterwerk ist.
Womit viele wünschen daß Verlangen nichts zu tun hat mit dem was ein Meisterwerk ist.
Ich schon ich weiß was nichts zu tun hat mit dem was ein Meisterwerk ist.

Man sagt Verlangen habe etwas zu tun mit dem was ein Meisterwerk ist aber man irrt sich Verlangen hat nichts zu tun mit dem was ein Meisterwerk ist.
Ich sagte zu Basket meinem Hund schau her und verlang was aber ich sagte das hat nichts zu tun mit dem was ein Meisterwerk ist und er glaubt es vielleicht nicht das kann leicht sein aber es hat nichts hat überhaupt nichts zu tun mit dem was ein Meisterwerk ist.

Seite I

Man erinnert sich gerne um zu vergessen und daß das so ist das hat nichts zu tun mit dem was ein Meisterwerk ist.

Seite I

Was ist ein Meisterwerk und wie viele davon heißt es sind welche.
Nun glaubt es oder nicht es ist ihnen ganz egal.

Seite I

Ich möchte bitte nicht gerne wissen was ein Meisterwerk ist.

Seite 2

Bei Detektivgeschichten liegt die Schwierigkeit darin daß derjenige der tot ist für die anderen keine eigene Zeit und keine Identität für sich selber hat und doch denken sie daß man sich an das erinnern kann was sie nicht haben da sie es für die anderen haben ohne es zu haben.
Ich würde gerne jeden Tag eine Detektivgeschichte lesen und sehr oft tue ich es.

Seite II

Ich denke nicht über Männer und Frauen nach weil das nichts mit irgend etwas zu tun hat.
Jeder der Amerikaner ist kann alles mögliche darüber wissen.

Seite III

Ich weiß es durchaus und ich sag es heraus daß es nichts zu tun hat mit Männern und Frauen nichts zu tun mit irgend etwas alles mit allem das heißt mit irgend etwas nichts zu tun mit irgend etwas. Schließlich nichts zu tun mit irgend etwas wie mit diesem nichts.
Männer und Frauen mögen die menschliche Natur nicht bedauern ganz wie sie möchten sie mögen vielleicht gar nichts bedauern.
Hat jemand den Geist des Menschen vernachlässigt.
Ich habe.
Was Sie auch haben.
In diesem Fall ist Haben was Sie auch haben.
Ich kann Haben niemals vernachlässigen wenigstens nicht für sehr lange weil darin und ohne es alles ist was es an Meisterwerken und dem menschlichen Geist gibt. Weil Haben genau das richtige Wort ist.

Seite IV

Ich könnte bewundern was ich eben gesagt habe.

Seite V

Ich widerstehe der Versuchung es noch einmal zu sagen.
Und so liebenswert verbindlich.

Seite I

Andere hatten niemals welche.

Seite I

Ich kann langsam übergehen zu dem was ich sage.

Auf Seite I

Ja ja auf Seite eins.
Am Ende gar ist es wahr daß Soldaten die nicht im Krieg sind so ausschauen wie sie sind.

Ist das klar.
Jedes Wort offenbar.
Deshalb ist es wahr.
Daß es wie man es auch sieht irgendwo da ist und doch kann alles von Hand Gestrickte aussehen als sei es maschinell gemacht und es sieht auch so aus.
Und jeder wird getäuscht und nur wer interessiert daran ist zieht Nutzen daraus.
Was ist ein Meisterwerk.
Jeder der keiner ist das heißt nicht einer wird getäuscht weil zwar jeder davon sprechen kann aber niemand Nutzen daraus ziehen kann.
Es ist gar kein Verlust ein Meisterwerk zu verlieren.
Immer wieder einmal geht es eines verloren.
Ich erinnere mich sehr wohl an meinen Entschluß mich nicht aufzuregen selbst wenn ein Meisterwerk verloren gehen sollte. Egal welches Meisterwerk alt oder modern weil es so etwas wie alt oder modern bei einem Meisterwerk nicht gibt wie könnte es auch wo es keine Zeit und keine Identität gibt.
Und wenn ein Meisterwerk verloren geht dann gibt es eben eines weniger das man kennen muß und da es ohnehin so wenige gibt macht es schließlich doch etwas aus?
Angenommen man hat alle oder gar keines.
Aber nichtsdestoweniger müssen Meisterwerke existieren und sie tun es auch jedes einzelne sie tun es obwohl es sehr wenige gibt.
Wir wissen sehr wohl auch ohne zu fragen Meisterwerke haben nichts zu sagen wie könnten sie auch wo alles das etwas sagt was jeder sagt schließlich das sagt was irgendwer sagt.
Ich sage Ihnen daß alle möglichen Soldaten ausschauen wie Soldaten sind.
Natürlich tun sie das.
Auch jeder andere Wer oder Was.
Und Meisterwerke auch nur müssen Meisterwerke sein was sie sagen denn jeder kann ganz gut alles sagen nun denn.

Shakespeare

Ich sagte zu Thornton Wilder aber Sie wissen doch daß die Psychologie bei Shakespeare überhaupt keine Psychologie ist. Ein junger Mann dessen Vater gerade ermordet worden ist, würde nicht handeln wie Hamlet, Hamlet interessierte sich nicht für seinen Vater, er interessierte sich für sich selber, und er handelte nicht wie ein junger Mann der einen geliebten Vater verloren hat sondern wie ein Mann der über sich selber sprechen möchte, das ist Psychologie wenn man so will aber irgend jemand in irgendeinem Dorf kann das auch.

Was aber tut irgend jemand in einem Meisterwerk man tut was man tut das heißt man sagt was man weiß und man weiß nur was man ist soviel man weiß was man ist, es gibt keine Zeit und keine Identität, überhaupt nicht überhaupt nie überhaupt je.

Seite I

Was ist der Unterschied zwischen einem Gespräch und Schreiben, o ja was ist der Unterschied der Unterschied ist daß ein Gespräch das ist was gesagt wird und was einmal gesagt ist ist immer betagt und ist es betagt dann ist es gesagt und das ist nicht geschrieben. Geschriebenes Schreiben sollte nicht betagt sein o nein es sollte nicht betagt sein überhaupt nicht betagt.

Und daher ist Schreiben nicht Gespräch. Dann ist da noch die Tatsache daß die menschliche Natur keine Landschaft ist daß wenn Land gesehen wird keiner ausruft: Land in Sicht. Die menschliche Natur wird auch ausgerufen sie ruft sich selber aus sie sagt ja das hab ich doch schon mal getan aber eine Landschaft tut etwas jetzt auch wenn sie es schon mal getan hat doch die menschliche Natur hat etwas schon mal getan wenn sie es jetzt tut.

Eine Landschaft wenn sie es schon mal getan hat erinnert sich nicht aber die menschliche Natur wenn sie es schon mal getan hat erinnert sich weil die menschliche Natur sich an alles was sie tut erinnert und wenn sie sich daran erinnert dann ist es nicht interessant und wenn es nicht interessant ist dann ist es die menschliche Natur. Das einzige was an der menschlichen Natur noch die Aufmerksamkeit fesselt ist daß sie einen Anfang und eine Mitte und ein Ende hat und wenn ein Buch kein Meisterwerk ist ist es eben das daß es bestimmt einen Anfang und eine Mitte und ein Ende hat, die Mitte ist meistens nicht so interessant wie der Anfang und das Ende und zwar deshalb weil ihr nicht die menschliche Natur zugrundeliegt sie aber doch menschlicher Natur ist und deshalb ist es kein Meisterwerk.

Nun, eine Landschaft hat keinen Anfang und keine Mitte und kein Ende und das ist es was eine Landschaft romantisch macht. Hätte sie einen Anfang und eine Mitte und ein Ende wie ein Sturm sie hat dann wäre sie nicht romantisch, der Sturm ist romantisch weil die Landschaft da ist und die Landschaft keinen Anfang und keine Mitte und kein Ende hat.

Dies nun macht Meisterwerke leichter, nicht leichter zu machen aber leichter, und den Geist des Menschen auch.

Und auch die Romantik macht es leichter, ganz zu schweigen vom Geld.

Daher ist es auch so aber warum eigentlich daß in dieser Epoche das einzige wirklich literarische Denken von einer Frau getan wird.

Ja bitte überlegen Sie sich etwas.

Das ist es.

Bitte überlegen Sie sich etwas. Und daher keine Notwendigkeit herumzureisen, weil die Landschaft da ist, kein Sturm, Soldaten sind kein Sturm, sie schauen so aus sie schauen aus wie kein Sturm, wenn jemand sie grüßt und respektiert ist es wie ein Sturm, und deshalb wird in dieser Epoche das wichtige literarische Denken von einer Frau getan.

Aber ja doch.

Keinesfalls aufhören.

Seite II

Romantisch und Romantik, es ist eine Freude für alle Betrachter daß es eine Landschaft gibt und da es sie gibt, was sieht man von ihr, nur das was nicht menschliche Natur ist, sogar ein Sturm. Ein Sturm hätte gern einen Anfang und eine Mitte und ein Ende, aber sehr wahrscheinlich beruhigt er sich auch so.
Beruhigt sich wirklich hat keinen Triumph nötig und doch ist es gerade das was ein Sturm tut und deshalb ist er nicht menschliche Natur. Die menschliche Natur und Triumph, das hätte man kaum gern. Was man kaum gern hätte.
Die menschliche Natur ist nicht interessant manche sagen ein Triumph sei es.
Ein Sturm ist romantisch wie ein Sturm ist aber die menschliche Natur ist nicht wie ein Sturm weil die menschliche Natur nicht so handelt sie handelt nur wie ein Sturm wenn sie schon einen Sturm kennt und wenn sie einen Sturm kennt handelt sie wie ein Sturm.
Hat das etwas zu tun mit Meisterwerken. Es hat nichts zu tun mit der menschlichen Natur.
Vergessen wir die menschliche Natur wenn es menschliche Natur ist.
Es hat keinen Sinn eine Landschaft zu vergessen wenn es Landschaft ist weil es da nichts zu vergessen gibt.
Noch einmal kann ich herumklettern und Sie daran erinnern daß es in dieser Epoche eine Frau ist die das wichtige literarische Denken vollbringt.
Und Geld. Was ist der Zusammenhang zwischen Romantik und Geld und Meisterwerken.
Welcher ist es. Es gibt niemals einen welcher.

Seite I

Niemand würde wenn man es könnte die Bürde von Seite eins der Seite eins abnehmen.

Seite II

Es ist eine Verpflichtung daß Geld sich mit Romantik verbindet weil auch diese nicht menschliche Natur ist sondern Landschaft und wenn es einen Sturm gibt dann gibt es Triumph insoweit es einen Sturm gibt.

Seite II

Letztendlich unterscheidet sich Krieg im Krieg nicht von Krieg nicht im Krieg außer daß es dort mehr Tote gibt.
Wenn es dort mehr Tote gibt gibt es dann einen Unterschied und wenn es einen Unterschied gibt hat es dann etwas zu tun mit Geld und Romantik.
Niemand kritisiert was nicht Krieg ist mittels dessen was nicht Krieg ist.
Und doch gibt es letztendlich keinen Unterschied auch wenn es einen Unterschied gibt und wenn das alles weder Krieg noch mehr Krieg ist.
Und daher plaziert man die Sache ziemlich genau an die Stelle wo Geld ist.
Und wenn es überhaupt kein Geld gibt weiß ein Mann dann was Geld ist. Mehr Geld ist nicht das was Geld ist.
Erkennen Sie den Zusammenhang mit Romantik.
Ein wenig allmählich überhaupt nicht, mitten drin nicht mehr als alles.
Bennett hätte gern ein anderes Portrait.
Was ist ein Portrait für ihn.
Ein Portrait für ihn.
Was ist es.
Ein Portrait für ihn.

Seite III

Die menschliche Natur hat nichts damit zu tun.
Die menschliche Natur.
Hat nichts damit zu tun.

Seite IV

Einen Ozean leeren und füllen hat nichts damit zu tun weil er wenn er voll ist ein Ozean ist und wenn er leer ist kein Ozean ist.
Einen Ozean füllen und leeren hat nichts damit zu tun.

Seite IV

Nichts zu tun mit Meisterwerken.

Seite V

Nichts zu tun mit Krieg.

Seite VI

Krieg hat nichts zu tun mit Meisterwerken.
Wer sagt das.
Jeder sagt das.
Sagt irgend jemand was ein Meisterwerk ist.
Nein niemand.

Seite VIII

Das wichtige literarische Denken wird also vollbracht.
Wer vollbringt es.
Ich.
O ja ich vollbringe es.

Seite XXI

Geld eins.
Romantik eins
Landschaft eins
Die menschliche Natur nicht eins.
Meisterwerke.
Die menschliche Natur weiß nie etwas von eins und eins.

Seite XXI

Stürme.
Sogar ein kleiner ist nicht aufregend.

Seite XXI

Gibt es irgendeinen Unterschied zwischen Flachland und einem Ozean einem großen Land und einem kleinen.
Gibt es irgendeinen Unterschied zwischen der menschlichen Natur und dem Geist des Menschen.
Poesie und Prosa ist nicht interessant.
Was jetzt notwendig ist ist nicht Form sondern Inhalt.
Deshalb vollbringt in dieser Epoche eine Frau das literarische Denken.
Bitte seien Sie so freundlich und lernen Sie alles.

Seite XXII

Wie eifrig kommt Eile zu spät.
Das pflegte man früher zu sagen.
Donald.
Donald und Dorothy Dora und Don Donald und Donald er kommt wenn er kann.
Neun falls er kann wenn er kann wie er kann.
Donald und Donald ist alles auf einmal dann.
Morgen so würde Donald sagen sind's zwanzig pro Tag.
Was tut Donald.
Er tut alles.
Natürlich was tut Donald.
Natürlich tut er es er tut es ganz.
Donald Lieber.
Komm doch mal rüber.
Falls er kommt ja dann kommt er.
Ja er kommt.
Falls er kommt.
Irgendein Donald ist nicht der Donald da.
Der Donald da ist nicht irgendein Donald hier.

Aber besser hier.
Was falls Donald möchte.
Nicht wahrscheinlich ist nicht so viel anders wie sehr wahrscheinlich.
Und sehr wahrscheinlich ist Donald hier.

Seite XVIII

Ich bin vielleicht noch nicht fertig mit Donald.

Seite XIX

Donald hat nichts zu tun mit Romantik.
Donald hat nichts zu tun mit Geld.
Donald hat nichts zu tun mit Landschaft.
Donald hat nichts zu tun mit der menschlichen Natur.
Donald hat nichts zu tun.
Donald.
Niemand kann Donald tadeln.
Donald und Dorothy und es war einmal ein Ozean und sie sind nicht ertrunken.

Seite 2.

Du.

Seite III

Warum sollte eine Frau das buchstäblich wichtige literarische Denken dieser Epoche vollbringen.

Seite IV

Meisterwerke sind was sie sind.

Seite V

In Meisterwerken gibt es weder Identität noch Zeit selbst wenn sie etwas darüber aussagen.

Seite X

Versucht Franklin Roosevelt jetzt Geld los zu werden.
Das wäre interessant, aber ich fürchte es ist nur die menschliche Natur, das heißt Wahlpropaganda und die ist nicht interessant.
Aber es wäre interessant zu versuchen Geld los zu werden indem man es vernichtet und wenn man das tun könnte wäre es interessant.
Warum wäre es interessant.
Weil Geld vielleicht mit dem Geist des Menschen zu tun hat und nicht mit der menschlichen Natur. Vielleicht befaßt es sich wie Meisterwerke mit der menschlichen Natur ist aber nicht verwandt damit, o ja ja.
Könnte man den Krieg dadurch loswerden daß er wie ein Zweikampf wird und ginge der Weg dahin über das Abschaffen des Salutierens, wenn niemand salutierte und niemand das Salutieren entgegennähme und niemand salutierte und niemand irgendwelche Kleider trüge die man ihm gegeben hat würde das auch wie der Zweikampf etwas zu tun haben mit dem Abschaffen des Krieges, o ja o ja, und hat Krieg etwas zu tun mit dem Geist des Menschen nein er hat mit der menschlichen Natur zu tun denn er ist nicht wie Geld er könnte wie Romantik sein aber ist er das denn er könnte es sein aber ist er es.
Wenn er ist ja dann ist es so.
Im neunzehnten Jahrhundert endete er wenn man ihn mystifizieren wollte mit einem bestimmten toten Mann im zwanzigsten Jahrhundert beginnt er wenn man ihn mystifizieren will mit einem toten Mann.
Und in Schauspielen nun was sind Spiele.
Hört nicht auf einige.
Was sind Spiele.

Ein Spiel.

Es beginnt mit einem toten Mann einer toten Frau und einem toten Hund aber sie sind nicht tot weil das Spiel weitergeht.
Wenn der Hund tot ist geht das Spiel dann weiter.
Wenn die Armee tot ist geht das Spiel dann weiter.
Wenn der Hund nicht tot ist geht das Spiel dann weiter.
Nein tatsächlich nein bestimmt nicht.

Spiel 2

Wenn der Hund nicht tot ist und das Spiel nicht weitergeht ist der Mann tot.
Ja der Mann ist tot.
Wenn der Mann tot ist und das Spiel nicht weitergeht geht es weiter. Ja es geht weiter.
Wenn die Frau tot ist und der Hund tot ist und der Mann tot ist geht das Spiel weiter.
Bestimmt nicht das Spiel geht nicht weiter.
Was heißt das.
Bestimmt nicht das Spiel geht nicht weiter.
Heißt es daß es nicht weiter auf der Bühne geht.
Bestimmt nicht es heißt nicht bestimmt nicht, nicht auf der Bühne.
Und also gibt es keine Zeit und keine Identität bitte passen Sie auf daß Sie keine Tränen überraschen.
Im neunzehnten Jahrhundert überraschte man keine Tränen man war bei den Tränen weil der Mann und der Hund und die Frau nicht tot waren wenn im zwanzigsten Jahrhundert irgend etwas begonnen hat ist alles das heißt jeder schon tot wenn es geht und war's als es begann so fing es an und deshalb gibt es keine Tränen deshalb gab es keine Tränen.

Spiel I

Und jetzt wie können sie dazukommen jetzt zu sein.

Spiel I

Jedes kleinste Ding ist so wie es begonnen wurde.
Es ist klarer als irgend etwas und irgendeiner daß es jetzt keine Tränen gibt.

Spiel eins.

Nun gut Spiel eins.

Spiel zwei.

Es hätten zwei sein müssen um die Sache abzuschließen.
Aber da ist das.
Das da es nicht das da sein muß ist nicht das.
Wie leicht ist es so.
Ein Meisterwerk ist mehr und mehr so.

Spiel III

Ich beginne zu sehen sehen beginn ich aber es gibt kein Beginnen nicht innen nicht innen.

Spiel IV

Sehen Sie ein es muß so sein, das ist Sein.
Aber es gibt sowohl Sein wie Sehen.

Spiel V

Na also.

Spiel VI

Wie herrlich zu wissen was ein Meisterwerk ist.

Spiel VII

Es ist natürlich daß wieder eine Frau diejenige sein soll die das literarische Denken dieser Epoche vollbringt.

Kapitel I

Mir ist ganz klar daß ein Meisterwerk wo immer da ist.
Morgen wird es sozusagen wärmer.
Also ist es nicht nötig frei zu sein.
Man sagt das zwar aber es ist nicht nötig frei zu sein.
Habe ich schon gesagt daß Franklin Roosevelt Geld frei macht aber vielleicht ist das nur seine Wahlpropaganda.
Jeder kann wissen daß die menschliche Natur nicht interessant ist und heute nicht einmal notwendig.
Nicht einmal notwendig.

Kapitel III

Ich sagte so leichthin sie kann interessant sein und weinte um sie interessant zu machen und mag sein es gelingt mir aber ich fürchte nein sie ist nicht interessant.
Ich habe keinen Plan gemacht.
Ich erzähle Inhalt ohne Form, Eidechsen ohne Nester und da sollte noch ein drittes sein und da es das gibt gibt es einen Anfang und eine Mitte und ein Ende.
Aber Inhalt ohne Form und zufrieden.
Wer hat gehofft erhofft zu sein.
Ich stelle klar es ist wahr daß ich literarisch denke für alle o ja.
Vielleicht sogar wenn Franklin Roosevelt Geld frei machen oder los werden möchte.

Kapitel II

Es ist genauso notwendig keine menschliche Natur zu haben.

Band II

Warum war es an Polonius all das zu sagen was er in seinem Ratschlag an seinen Sohn gesagt hat natürlich weil jeder der etwas schreibt mit sich und zu sich selber spricht und das ist es auch was Shakespeare immer getan hat, er läßt andere

sagen was er genau dann gesagt haben will und er kann jeden zu einem anderen machen.
Normalerweise beenden alle alles.
Aber nicht beim Schreiben. Beim Schreiben beenden nicht alle alles. Das ist es was ein Meisterwerk zu dem macht was es ist nämlich daß es kein Beenden gibt.
Bitte handeln Sie so als ob etwas zu beenden wäre aber jeder jeder der schreibt weiß daß es kein zu Ende beenden beim Schreiben gibt.
Vielleicht will Franklin Roosevelt das Geld loswerden indem er es zu etwas Sinnlosem macht aber höchstwahrscheinlich nicht höchstwahrscheinlich ist es nur Wahlpropaganda.
Was ist Geld und was ist Romantik es ist nicht wie die menschliche Natur weil es nicht endet es ist nicht wie ein Meisterwerk weil es keine Existenz hat.
Sehr wahrscheinlich ist es das was es ist Geld und Romantik.
Und die ganze Zeit über hatte ich recht wenn ich sagte ich wisse immer weniger was der Geist des Menschen ist. Jeder kann wissen was die menschliche Natur ist und das ist nicht interessant. Jeder kann anfangen dahinzukommen daß er weiß was Geld und Romantik ist.
Meisterwerke haben kein Zu-Ende-kommen in sich und was jeder sagen kann ist das was jeder wissen kann und das was jeder wissen kann ist das was jeder sehen kann aber die menschliche Natur und Krieg und Stürme haben einen Anfang und ein Ende da und sowie sie beginnen enden sie und da und sowie sie enden beginnen sie und deshalb sind sie nicht interessant und Geld und Romantik die enden nicht und sie beginnen nicht aber sie existieren auch nicht und deshalb sind sie gar nichts obwohl jeder sie nachempfinden kann und deshalb sind sie obwohl sie gar nichts sind doch interessant.

Marionette

Ist eine Marionette ein Kasperle-Spiel und woher weiß man plötzlich so viel daß Kasperle ihr Name ist.
Wenn ich gesagt habe daß ich alles weiß und dabei alles und allerlei erkläre zu jeder Zeit die ganze Zeit über ist damit auch gesagt wie gesagt daß ich alles weiß.
Es hat keinen Zweck nicht alles zu wissen gewiß und das meiste zu wissen ist meistens vielleicht kein Müssen aber gewiß gibt es das Alleswissen.
Auf Von und Vom sollte nie eingegangen werden und es ist wirklich keine Versuchung auf Von und Vom nicht einzugehen.
Vom Alleswissen.
Mehr als wahrscheinlich ist Alleswissen das was gerade geschieht.
Es läuft wieder heraus auf Müssen.
Wenn es Müssen gibt dann gibt es darin kein Alleswissen.
Alleswissen kommt wenn im Alles-Erklären das Wissen liegt daß es öfter Allwissendes gibt.
Warum neigt man dazu das Müssen beiseite zu lassen.
Weil müssen müssen ist.
So viel zum Müssen.
Und Alleswissen wird niemals beiseite gelassen.
Im nie beiseite gelassenen Alleswissen entsteht eine Erkenntnis dessen was Meisterwerke sind.
Alleswissen wird niemals beiseite gelassen noch ist es je da ohne allwissend zu sein. Alles andere spielt keine Rolle. Nicht bei Meisterwerken.
Alles zu wissen nun ja alles was man weiß ist alles Wissen sehr wahrscheinlich alles in den Meisterwerken. Aber niemals jemals irgendwo.
Es gibt kein Wo beim Alleswissen, haben wir schon gesagt keine Zeit und keine Identität ja und also keinen Ort. Raum ist nicht interessant denn wenn es keinen Ort gibt dort gibt es auch keinen Raum, nicht dort, aber es ist Raum da, nun ja

wie steht es denn mit Geld und Romantik darüber will niemand etwas wissen.
Raum und Geld und Romantik.
Lassen wir die Meisterwerke beiseite ärgern wir sie nicht obwohl sie Romantik und Geld und Raum gerne haben wenn sie etwas gerne haben und sie haben es wirklich gerne und sie sehen gerne Stürme und Krieg und die menschliche Natur obwohl sie genau wissen daß sie nicht interessant sind.
Alles zu wissen ist interessant. O ja ja.

Ein kleines Spiel.

Krieg und Stürme.
Romantik und Geld und Raum
Die menschliche Natur und Identität und Zeit und Ort.
Der Geist des Menschen.
Meisterwerke.
In einem Stück muß es nicht unbedingt Personen geben weil man wenn es welche gibt ihre Namen nicht vergißt und wenn man ihre Namen nicht vergißt schreibt man ihre Namen auch jedesmal wieder hin wenn sie etwas zu sagen haben.
Das Resultat davon ist daß ein Stück endet.
Wie oft möchte jemand hinausgehen ehe das Stück endet.
Hat das etwas mit Meisterwerken zu tun.
Nichts wenn man alles weiß.
Oh ja nicht wenn man alles weiß.
Alles wissen erinnert nicht jeden an etwas und doch könnte es so sein.
Und wenn es nun wenn es schon mal so war dann könnte es ja so sein.
Ich weiß bestimmt alles über das Alleswissen.

Identität
Für den Fall daß es keine Fähigkeit des Erinnerns gibt und deshalb auch keine Möglichkeit nicht zu verlieren was nicht gerade da ist wo man selber ist gibt es dann irgendeine Möglichkeit die Vorstellungskraft zu schwächen. Ja was ist das überhaupt sich etwas vorstellen. Geschieht es jeweils ein wenig und zeitweise geschieht es zeitweise im großen und ganzen oder geschieht es die ganze Zeit über.
Man weiß gern warum es Frage und Antwort gibt. Es gibt das in Kriminalromanen aber gibt es das auch im wirklichen Leben. Ist es möglich sich eine Frage und eine Antwort vorzustellen.
Nie beantwortet man eine Frage keiner tut das.
Ist also irgendwo in allem eine Frage und Antwort. Und was haben Meisterwerke damit zu tun mit der Tatsache daß sie selber keine Frage sind zum Beantworten und keine Antwort auf eine Frage.
Wie wenn man niemals in irgendwas recht hat und keiner hat ja je recht. Jeder der möchte kann das wissen, daß man wirklich niemals in irgendwas recht hat. Je mehr man in irgendwas recht hat desto mehr hat man niemals recht in irgendwas es bleibt sich also gleich. Nur in Geschichte Regierung Propaganda da ist es von einiger Bedeutung ob jemand in irgendwas recht hat. Die Wissenschaft nun ja da hat man niemals recht in irgendwas nicht recht genug so daß die Wissenschaft sich nicht mehr an sich selbst delektieren kann als sei sie interessant, was ja so ist. Warum nicht wenn es so ist. Die menschliche Natur nicht, wir sind soweit gekommen nicht mehr zu denken daß menschliche Natur zu sein interessant genug sei so daß sie sich weiter an sich selbst delektieren könnte. Die menschliche Natur als menschliche Natur delektiert sich aber nicht mehr genug an sich selbst um zu genügen. Und Meisterwerke haben das immer gewußt. Sie haben auch immer gewußt daß recht haben über-

haupt nichts wäre denn wenn sie recht hätten wäre es nicht so wie das Geschriebene sondern wie das Gedachte und in einem wirklichen Meisterwerk ist nichts Gedachtes, wenn da Gedachtes wäre dann könnte es sein daß jemand recht hätte und in einem Meisterwerk kann man nicht recht haben, könnte man es so wäre es das was man denkt nicht was man schreibt.
Richtig.
Recht schreiben und recht haben.
Natürlich hat das nichts miteinander zu tun.
Recht rechts links rechts er hatte eine gute Arbeitsstelle und ließ sie gar nicht rechtens links liegen.

Bd II

Wie wenig Bedarf ist da so recht zu haben daß daraus Band zwei wird aber es ist Band zwei und Band zwei ist nicht der zweite Band.

Band zwei

Ich habe eine politische Serie geschrieben sowohl zur Erfahrung als auch um zu erfahren daß ich immer recht habe das heißt ich habe immer recht wenn ich sage was ich sage und ich sage immer etwas nämlich was ich gerade tue und dabei sage ich immer etwas aber da ich nie schreibe was ich dabei sage wenn ich gerade schreibe sage ich scheint's nichts und dann steht es da das heißt was Schreiben ist und es sagt nichts ist Inhalt ohne Form aber so oder so gibt es beim etwas Sagen keinen Inhalt doch gibt es die Form von Frage und Antwort und wirklich kann jeder erfahren daß eine Frage wenn es eine Antwort gibt oder eine Antwort wenn es eine Frage gibt fast immer fast menschlicher Natur ist von der wir ja wissen daß wir in bezug auf sie nicht recht haben aber wir kennen sie doch und wissen daß sie ganz und gar nicht interessant ist.
Es ist so leicht zu wissen was nicht interessant ist das heißt es ist so leicht es zu wissen eben weil es nicht interessant ist.

Und doch kann jeder sagen daß das vielleicht nicht stimmt. Natürlich stimmt das. Hätte ich nicht recht wenn es nicht so wäre denn es stimmt doch.
Recht so.
Es gibt keinen Grund daß eine Folge von Wörtern etwas verderben sollte zumal sie immer ein Vergnügen ist.
Die menschliche Natur ist kein Vergnügen.

Band III

Ein bestimmtes Stück in dem es nicht nur Frage und Antwort gibt sondern Identität.
Man stelle sich vor daß er immer gerne schrieb was er sagt.
Er tut es noch immer.
Hält er sich zurück wann immer er es tut. Wenn er sich nicht zurückhält wann immer er es tut dann tut er es immer. Ist das menschliche Natur oder ein Meisterwerk.
Hin und wieder schaut einer so aus als wüßte er was Identität ist. Er hält sich nicht zurück nicht zu wissen was Identität ist.
Frage und Antwort ist also beinahe nicht mehr als ein Vergnügen.
Und hat keine Identität.
Frage und Antwort hat keine Identität es hat nur eine Form.
Wenn man gerne weiß daß man weiß wie vergnüglich eine Frage und ihre Antwort ist muß man sich dann unbedingt vom Weitermachen zurückhalten. Durchaus nicht, man hält sich eigentlich fast nie vom Weitermachen zurück. Das ist es was Frage und Antwort ist.
Selbst wenn kein Vergnügen darin liegt ist es das was Frage und Antwort ist. Und könnte vielleicht gar kein Vergnügen darin liegen. Nun ja und nein nicht eigentlich.
Irgendwie liegt immer ein Vergnügen darin und darin ist es wie Romantik und Geld hat das etwas zu tun mit dem was nicht menschlicher Natur ist mit Ort und Zeit darin. Im Geist des Menschen gibt es keine Identität und Ort und Zeit

aber in Geld und Romantik und Frage und Antwort ein kleines Etwas ja das ist nicht menschlicher Natur ist aber etwas hat das Raum und Zeit und Identität ist.
Die menschliche Natur hat nichts sie ist nicht interessant.

Seite I

Tu ich das nun damit ich weitermachen kann oder nur um jemanden zu erfreuen. Wie ich sage spielt es keine Rolle weil, obwohl ich immer recht habe ist recht haben denn etwas. Nein es ist wie die menschliche Natur es ist nicht interessant und deshalb kann ich fragen hast Du es nicht allmählich satt immer recht zu haben aber es gibt etwas so viel Erfreulicheres und das ist Was ist Was. Und Was ist Was ist Was Was ist.
Denken Sie nicht mehr an Frage und Antwort obwohl es keinen Sinn hat zu vergessen denn Frage und Antwort ist wie Romantik und Geld. Jetzt haben wir alles beisammen.

Seite I

Was ist ein Spiel.
Ein Spiel ist Szenerie.
Ein Spiel ist nicht Identität oder Ort oder Zeit aber es fühlt sich gerne so oh ja das tut es es hat es wunderbar gern sich so zu fühlen.
Das ist es was es zu einem Spiel macht.
Ein Roman ist etwas anderes er hängt von seinem Möchtegern-Gefühl ab die menschliche Natur als interessant zu empfinden und deshalb gibt es da eine Mitte und einen Anfang, in einem Spiel gibt es das nicht, aber ein Roman weiß daß die menschliche Natur nicht interessant ist und er verfolgt also den Zweck daß er wenn sie es wäre eine Mitte und einen Anfang hätte und eine Mitte und ein Anfang muß nicht unbedingt ein Ende haben, deshalb ist in einem wirklich guten Roman das Ende wo er zu Ende ist aber ein Roman selber ist Mitte und Anfang und deshalb fragt die menschliche Natur wie sie es tut obwohl die menschliche

Natur wirklich weder Mitte noch Anfang hat und daher weiß ein Roman wirklich daß die menschliche Natur nicht interessant ist.
Und das nun ist ein Spiel und ein Roman, und Essays Poesie Philosophie und Geschichte und Biographie.
Immer mal wieder ist nicht immer mal wieder weil es so selten vorkommt.

Band II

Wenn ich einen Band I finden will numeriere ich den Band anders.

Band III

Wenn man glaubt was man hört glaubt man dann was man liest und was ist der Unterschied zwischen dem was man liest und dem was man sieht.
Haben Meisterwerke etwas zu tun mit dem was man sieht, nein weil das was man sieht ist als ob es da wäre. Und wo ist es. Ist es da. Wenn man also darüber liest als ob es da wäre dann ist es kein Meisterwerk.
Und man liest so oft darüber als ob es da wäre. Ich tue das immer und gibt es irgendeinen Unterschied zwischen wenn man etwas liest als ob es da ist und seinem Da-Sein. Wenn man von etwas hört als etwas Da-Seiendem dann ist es nicht wirklich da nicht so da wie wenn man über sein Da-Sein liest, aber sein Da-Sein sehen ist auch nicht mehr als über sein Da-Sein lesen. All dies hat so viel mit Meisterwerken zu tun daß es immer notwendig ist etwas mehr zu lesen.
Daß etwas da ist hat nichts zu tun mit Frage und Antwort mit Romantik und Geld. Hat es etwas zu tun mit Meisterwerken. Fast hat es das wenn es so ist. Hier und da kann ein Meisterwerk jemandem entgehen und allmählich mehr und mehr da sein und jeder jeder der schreiben kann wie Schreiben geschrieben wird kann alles immer wieder da sein lassen und das ist es was an einem Kriminalroman so aufregend ist, man kann es immer wieder da sein lassen, oh ja jeden kleinen

Teil daraus immer wieder und sind also alle Kriminalromane Meisterwerke wie sehr gern würde jeder das wissen. Nicht mehr als eben so. Es muß sehr wohl bekannt sein daß man das nicht weiß es muß sehr wohl bekannt sein daß man dann nicht bekannt ist und doch weiß ich noch nicht gut genug daß man es noch nicht weiß und daß ich noch nicht bekannt bin.

Jeder hat es gern daß man weiß und daß es bekannt ist daß das was geschrieben ist wirklich ist wenn es geschrieben worden ist.

Und was ist wirklich wenn es geschrieben worden ist, es muß kein Meisterwerk sein oh je oh je oh je nein. Die menschliche Natur hat nichts zu tun damit das glaube ich.

Wenn ich langsam schriebe würde ich so langsam schreiben wie dies.

Es wird sehr schwierig da zu sein. Jeder weiß wie leicht es für alles Geschriebene ist wirklich zu sein. Nicht wenn es fast alles ist aber wenn es etwas ist oh ja eine Kriminalgeschichte oder ein leichter Roman oh ja und für manche ist etwas wirklich und für manche ist nichts wirklich was geschrieben ist aber Schreiben kann jeden zum Weinen bringen. Ja tatsächlich ja. Es ist so schwierig etwas irgend etwas zu tun haben lassen mit Meisterwerken.

Ja Thornton.

Band II

Ich bin Meisterwerken begegnet als ich jung war.

So jung wie jung.

Und Meisterwerke als ich jung war.

Ich bin Meisterwerken begegnet.

Wenn etwas wiedergelesen werden kann muß es dann in Erinnerung bleiben.

Alles was etwas ist kann wiedergelesen werden.

Und etwas Gesehenes alles Gesehene.

Und etwas Gehörtes alles Gehörte.

Erkennen Sie irgendwelche Unterschiede.

Band I

Ich bin ich weil mein kleiner Hund mich kennt. Die Gestalt wandert alleine weiter.
Der kleine Hund erscheint nicht fürchte ich denn wenn er es täte gäbe es nichts zu fürchten.

Band II

Mir gefiel der Unterschied zwischen Alleinsein Nicht-Alleinsein und Nicht-Dran-Denken.
Das gab der Frau eine Umgebung.
In einem Meisterwerk aber ist es weder so noch so.
Da gibt es unmöglich einen Zweifel daß das was die menschliche Natur tut nichts damit zu tun hat es hat nichts zu tun mit Alleinsein oder Nicht-Alleinsein weil beides dasselbe ist.
Nicht daß es beides ist nein durchaus nicht.
Sehr wahrscheinlich ist ein Meisterwerk alles und nur das.
Mögen Sie Identität weil dann keine Bekanntschaft begonnen wird.
Sehr wohl denn man hat es gern wenn derselbe Detektiv wieder erscheint. Und doch wünscht man daß es nicht so wäre. Denn wenn es so ist erwartet man es und wenn es nicht so ist ist es doch nicht unerwartet.
Identität ist also nichts nach Belieben.
Ich erkenne so leicht daß Identität nichts mit Meisterwerken zu tun hat obgleich sie gelegentlich und sehr unvermeidlich immer mehr oder weniger hineinkommt.
Es ist nicht bekannt daß jemand der jemand ist nicht allein ist und wenn allein wie kann der Hund dann da sein und wenn das Hündchen nicht da ist ist es dann allein. Der kleine Hund ist nicht allein weil kein kleiner Hund allein sein könnte. Wäre er allein dann wäre er nicht da.
Und deshalb kann ein kleiner Hund kein Meisterwerk machen nicht einmal jetzt und warum.
Und doch kann es sein wenn ich erkenne daß der kleine

Hund nicht da wäre wenn er alleine wäre daß ich dann ich bin weil mein kleiner Hund mich kennt und daß er in ein Meisterwerk gerät aber das ist nicht der Grund weshalb er ist.
Was für eine Rolle spielt ein Meisterwerk wenn kein Hund mehr da ist. Kein Hund kann allein sein. Kann ein Meisterwerk allein sein. Man sagt es aber ist es so.
Dann muß das Schauspiel also so sein.
Die Person und der Hund sind da irgendwo und der Hund ist da und die Person ist da irgendwo und wo ach wo ist ihre Identität ist die Identität auch irgendwo.
Jedes Jahrhundert nicht jedes Jahrhundert auch nicht jedes Land nicht jedes Land hat das was wie man weiß nicht Identität ist.
Dafür muß keiner dankbar sein.
Die einzige Beziehung zwischen irgend etwas und allem ist Meisterwerke und deshalb haben Meisterwerke nie etwas zu tun.
Da Identität aber nicht das gleiche ist nicht einmal dem Namen nach, ist es also evident daß es darin überhaupt keine Identität gibt doch sie ist da oh ja sie ist da und niemand mag etwas was man nicht hat und niemand hat Identität.
Findet man sich damit ab. Ja man findet sich damit ab. Man findet sich ab mit der Identität.
Ja das tut man.
Und also findet sich alles ab mit der Identität.
Ein Hund hat mehr Identität wenn er jung ist als wenn er älter wird.
Wenn er jung ist hat ein Hund mehr Identität als wenn er älter ist.
Ich bin nicht sicher daß das nicht das Ende ist.

146 Shakespeare